Asociación de cultivos para principiantes

Una guía completa del cultivo de hortalizas, frutas, flores, hierbas, cactus y suculentas, maximizando el rendimiento y la compatibilidad de las plantas

© Copyright 2024

Todos los derechos reservados. Ninguna parte de este libro puede ser reproducida de ninguna forma sin el permiso escrito del autor. Los revisores pueden citar breves pasajes en las reseñas.

Descargo de responsabilidad: Ninguna parte de esta publicación puede ser reproducida o transmitida de ninguna forma o por ningún medio, mecánico o electrónico, incluyendo fotocopias o grabaciones, o por ningún sistema de almacenamiento y recuperación de información, o transmitida por correo electrónico sin permiso escrito del editor.

Si bien se ha hecho todo lo posible por verificar la información proporcionada en esta publicación, ni el autor ni el editor asumen responsabilidad alguna por los errores, omisiones o interpretaciones contrarias al tema aquí tratado.

Este libro es solo para fines de entretenimiento. Las opiniones expresadas son únicamente las del autor y no deben tomarse como instrucciones u órdenes de expertos. El lector es responsable de sus propias acciones.

La adhesión a todas las leyes y regulaciones aplicables, incluyendo las leyes internacionales, federales, estatales y locales que rigen la concesión de licencias profesionales, las prácticas comerciales, la publicidad y todos los demás aspectos de la realización de negocios en los EE. UU., Canadá, Reino Unido o cualquier otra jurisdicción es responsabilidad exclusiva del comprador o del lector.

Ni el autor ni el editor asumen responsabilidad alguna en nombre del comprador o lector de estos materiales. Cualquier desaire percibido de cualquier individuo u organización es puramente involuntario.

Índice de contenidos

PRIMERA PARTE: JARDINERÍA ECOLÓGICA PARA PRINCIPIANTES............ 1
INTRODUCCIÓN 2
PRIMERA SECCIÓN: PARA EMPEZAR 3
CAPÍTULO 1: LOS BENEFICIOS DE LA AGRICULTURA ECOLÓGICA
ASOCIADA 4
CAPÍTULO 2: PLANIFICACIÓN DEL HUERTO 11
CAPÍTULO 3: HERRAMIENTAS PARA LA SIEMBRA ECOLÓGICA
ASOCIADA 22
SEGUNDA SECCIÓN: SELECCIÓN DE PLANTAS Y
EMPAREJAMIENTO 29
CAPÍTULO 4: SIEMBRA ASOCIADA DE HORTALIZAS 30
CAPÍTULO 5: CULTIVO ASOCIADO CON HIERBAS AROMÁTICAS 51
CAPÍTULO 6: PLANTACIÓN ASOCIADA CON FLORES 67
CAPÍTULO 7: PLANTAS ACOMPAÑANTES PARA EL CONTROL
DE PLAGAS 72
CAPÍTULO 8: SEMILLAS FRENTE A INICIADORES 82
TERCERA SECCIÓN: PLANTACIÓN, CUIDADO Y
MANTENIMIENTO 88
CAPÍTULO 9: EMPEZAR POR EL SUELO 89
CAPÍTULO 10: PLANTAR ESOS PARES 100
CAPÍTULO 11: RIEGO Y CUIDADO DE LAS PLANTAS........................ 110
CAPÍTULO 12: SOLUCIÓN DE PROBLEMAS COMUNES DE
LAS PLANTAS ASOCIADAS 118

CAPÍTULO 13: COSECHE SU HUERTO ECOLÓGICO DE PLANTAS ASOCIADAS.. 126
BONUS: RECETAS DE ABONOS ORGÁNICOS 136
CONCLUSIÓN 141
SEGUNDA PARTE: CACTUS Y SUCULENTAS 143
INTRODUCCIÓN 144
CAPÍTULO 1: EL FASCINANTE MUNDO DE LOS CACTUS Y LAS SUCULENTAS... 146
CAPÍTULO 2: SELECCIÓN DE CACTUS Y SUCULENTAS: ¿CUÁL DEBERÍAS ELEGIR?.. 163
CAPÍTULO 3: PLANTAR Y ORGANIZAR TUS CACTUS Y SUCULENTAS... 182
CAPÍTULO 4: REGAR SABIAMENTE: LA FORMA CORRECTA DE REGAR CACTUS Y SUCULENTAS 194
CAPÍTULO 5: SALUD, CUIDADO Y MANTENIMIENTO DE CACTUS Y SUCULENTAS 206
CAPÍTULO 6: PODAR Y MODELARA IMPRESIONANTES SUCULENTAS... 217
CAPÍTULO 7: TÉCNICAS DE PROPAGACIÓN Y MAXIMIZACIÓN DEL RENDIMIENTO 230
CAPÍTULO 8: CONTROL DE PLAGAS, MANEJO DE ENFERMEDADES Y OTROS DESAFÍOS 241
CAPÍTULO 9: ASOCIACIÓN DE CULTIVOS ENTRE CACTUS Y SUCULENTAS... 254
APÉNDICE: CACTUS Y SUCULENTAS DE LA A A LA Z: REFERENCIA PARA IDENTIFICACIÓN DE ESPECIES 267
CONCLUSIÓN 273
VEA MÁS LIBROS ESCRITOS POR DION ROSSER 275
REFERENCIAS... 276

Primera Parte: Jardinería ecológica para principiantes

Una guía esencial para cultivar hortalizas, frutas, flores, hierbas aromáticas y mucho más con el máximo rendimiento y calidad

Introducción

La siembra asociada es una de las técnicas más antiguas seguida por jardineros y agricultores desde hace siglos. No es un concepto difícil; simplemente significa plantar diferentes plantas juntas para mejorar la salud de las plantas, la estructura del suelo, la productividad, el control de plagas, la sombra y el control de malas hierbas.

La jardinería no consiste en colocar plantas en cualquier sitio; es mucho más que eso. Hay que entender cómo las plantas trabajan juntas y con su entorno para crear un jardín productivo y sano, ya sean hortalizas, hierbas aromáticas, flores o, idealmente, una combinación de las tres.

Este libro le enseñará, paso a paso, qué es la siembra asociada y cómo utilizarla para que su jardín sea lo mejor posible. Al final, tendrá un huerto sano, hecho de forma orgánica, sin necesidad de productos químicos.

Es un libro fácil de leer. Está escrito en un lenguaje llano y sencillo, con guías completas paso a paso e instrucciones completas sobre cómo hacer las cosas. Es la guía perfecta para los principiantes que no saben por dónde empezar y para los jardineros experimentados que necesitan un repaso o más ideas.

Este es un libro que puede comprar una vez y conservar para siempre, es una guía que consultará con frecuencia, y debería hacerlo. Incluso los jardineros más experimentados siguen recurriendo a los libros para informarse.

Así que no espere más. Empiece a leerlo y aprenda a ser un jardinero fantástico comprendiendo y utilizando la plantación asociada.

PRIMERA SECCIÓN: PARA EMPEZAR

Capítulo 1: Los beneficios de la agricultura ecológica asociada

Para comprender los beneficios de la siembra asociada, primero hay que entender qué es. No es un concepto difícil de entender; se trata simplemente de plantar diferentes plantas juntas para obtener uno o más beneficios, como salud, crecimiento, control de plagas, etc. Estas plantas se conocen como buenas compañeras, pero algunas no se ayudan mutuamente y, en algunos casos, incluso pueden causar problemas; estas son malas compañeras.

Breve historia

La plantación asociada es una técnica centenaria que se remonta a los inicios de la agricultura y de la que se han encontrado pruebas en civilizaciones antiguas de todo el mundo. Los primeros agricultores veían los beneficios de cultivar ciertas plantas juntas para obtener una cosecha mayor, un suelo más fértil, mantener alejadas las plagas y tener un ecosistema orgánico realmente equilibrado.

Nativos americanos

La técnica de la plantación asociada "tres hermanas"
Anna Juchnowicz, CC BY-SA 4.0 <https://creativecommons.org/licenses/by-sa/4.0>, a través de Wikimedia Commons:
https://commons.wikimedia.org/wiki/File:Three_Sisters_companion_planting_technique.jpg

Quizá el ejemplo más conocido de plantación asociada sea el de los nativos americanos, que desarrollaron lo que hoy es una técnica popular llamada "tres hermanas". Esta técnica consiste en cultivar judías, maíz y calabaza juntas, de modo que cada planta beneficie y apoye a las demás. El maíz sirve de enrejado para que crezcan las judías, y las judías aportan nitrógeno al suelo, que ayuda a nutrir la calabaza y el maíz, mientras que la calabaza actúa como cubierta vegetal, impidiendo que crezcan las malas hierbas y manteniendo el suelo húmedo. Las tres plantas prosperaron, proporcionando a las comunidades nativas americanas una fuente de alimentos nutritivos y sostenibles.

El antiguo Egipto

También se han encontrado pruebas de la siembra asociada en el antiguo Egipto, donde los agricultores cultivaban plantas como el ajo y la cebolla junto a la cebada. Como estos cultivos desprendían un olor penetrante, mantenían alejadas a las plagas y evitaban que la cosecha de cebada se dañara o destruyera. También utilizaban guisantes, judías y otras leguminosas como cultivos de cobertura para hacer el suelo más fértil para melones, pepinos y otras plantas trepadoras.

La antigua China

La siembra asociada era una parte fundamental de las prácticas agrícolas de la antigua China. Cultivaban muchas plantas diferentes juntas para proporcionar apoyo a las trepadoras, controlar las plagas y mejorar la salud del suelo. Un ejemplo de la antigua China era el cultivo de judías que fijan el nitrógeno en el suelo con cultivos de cereales, como el mijo y el arroz, ayudando a mantener el suelo fértil y a aumentar el rendimiento.

La siembra asociada ha evolucionado a lo largo de los años a medida que jardineros y agricultores experimentaban con combinaciones para encontrar otras nuevas, y sigue evolucionando en la actualidad. Cuantos más conocimientos científicos adquirimos sobre cómo interactúan las plantas, más comprendemos los muchos beneficios que aporta la siembra asociada.

En el siglo XX, los jardineros ecológicos popularizaron la siembra asociada, junto con los agricultores que deseaban un enfoque ecológico y sostenible de las prácticas agrícolas. Hoy en día, es una de las formas más practicadas de jardinería ecológica, ya sea en los patios traseros más pequeños o en las granjas más grandes, mejorando la salud, la cosecha y la fuerza de los cultivos, al tiempo que proporciona una forma libre de productos químicos para controlar las malas hierbas, las plagas y fertilizar el suelo.

Beneficios de la siembra asociada

La siembra asociada ofrece muchos beneficios, siendo los principales:

- **Supresión de enfermedades y repelente de plagas:** Algunas plantas emiten sustancias químicas desde sus raíces, flores u hojas, que mantienen a las plagas alejadas de las plantas cercanas y suprimen ciertas enfermedades.

- **Fijación de nitrógeno:** Las leguminosas, como las judías y los guisantes, ayudan a fijar el nitrógeno en el suelo. El sistema radicular produce la bacteria Rhizobium, que extrae el nitrógeno del aire, incrustándolo en la tierra para fertilizarla. La bacteria cede parte de ese fertilizante a la planta leguminosa a cambio de azúcares que la planta produce por fotosíntesis. Esto se llama una relación simbiótica porque las bacterias y la planta se benefician, y el nitrógeno del suelo también ayuda a otras plantas cercanas.

- **Cultivos trampa:** Actúan como señuelos para las plagas. Cuando una planta es más atractiva para una determinada plaga o grupo de plagas, puede plantarse cerca de las plantas que atacan las plagas. De este modo, las plagas se dirigirán al cultivo trampa y dejarán en paz al cultivo principal. Los cultivos trampa no son más que sacrificios; si son perennes, volverán al año siguiente a pesar de los daños causados por las plagas, o si son anuales, producirán semillas o plántulas. Algunos cultivos trampa se conocen como "callejones sin salida" porque matan a la plaga una vez atrapada.

- **Enmascarar olores:** Muchos animales e insectos utilizan el olfato para detectar alimentos. Para evitar que las plagas se coman sus flores, plante otras flores con un olor más fuerte para enmascararlas. Estas deben plantarse a favor del viento respecto a la planta principal, ya que las plagas siguen los rastros de olor en el viento.

- **Camuflaje:** Otras plagas utilizan la forma física de una planta para identificarla como alimento. Plante plantas que repelan las plagas entre sus cultivos para enmascarar la forma del cultivo objetivo, y plante aquellas que atraigan insectos beneficiosos como protección adicional.

- **Apilamiento:** Otro beneficio de la siembra asociada es la creación de entornos protectores que protegen a algunas plantas del frío, el viento o el sol y favorecen su crecimiento. En permacultura, las plantas se colocan en capas, con las altas en la parte trasera protegiendo del sol a las plantas más bajas. Esa capa de plantas proporciona un área protegida para las plantas que cubren el suelo; de modo que cada planta tiene las condiciones ideales para crecer y prosperar.

- **Cultivo nodriza:** Similar al apilamiento, el cultivo nodriza consiste en plantar determinadas plantas para proteger a las más pequeñas y vulnerables del fuerte sol a medida que se desarrollan. También evitan la erosión del suelo y el crecimiento de malas hierbas.

- **Biodiversidad:** Otro beneficio importante de la plantación asociada es la biodiversidad. Al incluir una buena mezcla de plantas en su jardín, crea un ecosistema fuerte que puede sobrevivir en caso de que una plaga, una enfermedad o el mal tiempo debiliten o acaben con una variedad. Esto proporciona seguridad contra el colapso de todo el ecosistema cuando falla un tipo de planta.

- **Maximizar el espacio:** En lugar de dejar grandes espacios entre las plantas, las plantas asociadas le ayudan a maximizar el espacio: más plantas, de diferentes especies, todas plantadas juntas.
- **Salud del suelo:** Algunas plantas ayudan a mantener la salud del suelo produciendo ciertos nutrientes. Antes hemos mencionado las judías y los guisantes, que añaden nitrógeno al suelo, pero otras plantas, como los rábanos y las zanahorias, ayudan a mantener el suelo suelto y libre.

Atraer insectos beneficiosos

Aunque algunas plantas se utilizan para repeler plagas, otra forma de controlar los insectos no deseados es atraer a los beneficiosos, junto con pájaros y artrópodos, como mariposas, arañas, ciempiés y escarabajos.

Los insectos beneficiosos ayudan a controlar ciertas especies de plagas, y algunos de los mejores para atraer son:

- **Polinizadores,** como las abejas y algunas avispas.
- **Depredadores** que se alimentan de plagas destructivas: Algunos de los más útiles son las moscas planeadoras, las crisopas, las mariquitas y las mantis religiosas.
- **Artrópodos** que se alimentan de plagas: los ácaros depredadores y las arañas.
- **Parásitos** que atacan a determinadas plagas, como algunas especies de avispas.

Sin embargo, si quiere un jardín lleno de insectos beneficiosos, tiene que atraerlos, y ahí es donde entran en juego ciertas plantas asociadas. Hay dos tipos de plantas que necesitan estos insectos:

- **Nectaríferas:** Proporcionan néctar como fuente de alimento.
- **Insectario:** Proporcionan a los insectos beneficiosos un hogar permanente donde vivir y pasar el frío.

Por ejemplo, un campo de maíz. Nada más que maíz, hasta donde alcanza la vista. Es un lugar fantástico para las plagas que se alimentan del maíz, pero no hace nada para atraer y apoyar a la fauna beneficiosa que se alimenta de esas plagas (no hay fuentes de alimento ni lugar donde puedan vivir).

Las plantas con flores pequeñas y poco profundas son ideales para los insectos beneficiosos: Margaritas, caléndula, zanahoria, perejil, eneldo (cuando se deja florecer) y plantas como el alyssum dulce. Y para que estos insectos encuentren un hogar permanente, debe plantar plantas perennes. Hablaremos de ellas más adelante.

Combinaciones buenas y malas

Son muchos los cultivos que pueden utilizarse como plantaciones asociadas, pero es imprescindible encontrar las combinaciones adecuadas porque todas interactúan de forma diferente. La experiencia será el factor que le guíe a la hora de decidir qué es lo mejor para su jardín, pero aquí tiene algunas opciones para empezar:

Buenas:

- **Judías, maíz y calabaza:** Son las "tres hermanas", llamadas así porque trabajan al unísono. El maíz crece alto y las judías pueden enrollarse alrededor de los tallos. El maíz crece rápido y da sombra a la calabaza. La calabaza crece cerca del suelo e impide que las malas hierbas ataquen a las otras dos, además de aportar al suelo el nitrógeno que tanto necesita.

- **Hierbas aromáticas y coles:** A los insectos les encanta la col, así que plante plantas y flores de olor fuerte para enmascarar el olor de la col. La menta y el romero son perfectas, pero cualquier hierba aromática servirá.

- **Girasoles, pepinos y rábanos:** Los girasoles, al igual que el maíz, dan sombra a las plantas y flores de abajo, protegiéndolas del sol inclemente. A cambio, los rábanos y pepinos mejoran la calidad del suelo.

- **Tomates, albahaca y caléndulas:** La albahaca mejora el sabor de los tomates, no solo después de crecer, sino cuando se juntan en el suelo. Las caléndulas atraen a las abejas para que polinicen las plantas al tiempo que repelen las plagas.

Malas:

Tenga cuidado porque no todas las combinaciones de plantas y flores funcionan.

- **Tomates y patatas:** Ambas están estrechamente relacionadas; cuando planta la misma familia de plantas demasiado cerca la una de la otra, compiten por los nutrientes y a menudo atraen a las mismas plagas, provocando una sobrecarga.
- **Brásicas y fresas:** Las brásicas incluyen las coles, la coliflor y el brécol; las fresas impiden que crezcan bien.
- **Judías y cebollas:** Requieren condiciones muy diferentes para crecer, por lo que plantarlas juntas puede hacer que las cebollas frenen el crecimiento de las judías.
- **Pepinos y hierbas aromáticas:** Algunas hierbas pueden frenar el crecimiento de los pepinos, y las hierbas fuertes también pueden cambiar el delicado sabor del fruto del pepino.

Siga leyendo y encontrará toda la información que necesita para tener éxito en la siembra asociada.

Capítulo 2: Planificación del huerto

Ahora que ya sabe en qué consiste la jardinería asociada, es hora de empezar a planificar su huerto. Si es nuevo en esto, probablemente querrá lanzarse de lleno y empezar, pero hay cosas que debe hacer primero.

Debe planificar su huerto y, para ello, debe elegir un lugar. Para hacerlo correctamente, hay algunos factores que debes tener en cuenta:

1. Conveniencia

Este es uno de los factores más importantes a la hora de elegir una buena ubicación. Si no tiene que caminar demasiado o esforzarse para llegar al huerto, tendrá más éxito con el cultivo. Se dará cuenta mucho antes de las necesidades de riego, las plagas y otros problemas, y también obtendrá su cosecha a tiempo.

2. La luz del sol

Las plantas necesitan la luz del sol
https://unsplash.com/photos/dQejX2ucPBs?utm_source=unsplash&utm_medium=referral&utm_content=creditShareLink

La mayoría de las plantas necesitan luz solar a diario. Las hortalizas necesitan al menos ocho horas, preferiblemente más, para que crezcan bien y maduren los frutos. Vigile su jardín para ver cuánto sol recibe y dónde están las zonas de sombra parcial y total a lo largo del día.

Empiece por dibujar el plano de su jardín y marque las horas de puesta y salida del sol. Sitúese en el jardín cada hora y marque si cada zona está a pleno sol, a la sombra o en sombra parcial. Cuente las horas que cada zona está al sol; las que no reciban suficiente no son aptas para hortalizas.

3. Suelo

Una vez que haya decidido dónde va a instalar su huerto, es hora de analizar el suelo. Un suelo sano es fundamental para tener plantas sanas. Lo ideal es un suelo bien drenado y fértil. Aprender sobre el suelo de su huerto es esencial, así que siga estos pasos:

Excave un hoyo

Hágalo de 30 cm por 30 cm y de 15 cm de profundidad. Ponga la tierra excavada sobre una lona o en un cubo grande y obsérvela. Anote lo que vea:

- ¿Qué colores tiene? ¿Es tierra suelta o compacta? ¿Es ligera o pesada?

• Frote un poco entre los dedos y escriba cómo se siente la tierra.

Cuente las lombrices

¿En la tierra que ha excavado hay lombrices? Mire bien: si hay al menos 10, tiene una buena tierra fértil. Si no, tendrá que aprender a mejorarla.

Compruebe el drenaje

Ahora quiere ver lo bien que drena la tierra. Excave el hoyo a 15 cm de profundidad (necesita 30 cm para esta prueba). Llénelo de agua y controle cuánto tarda en drenar.

Una vez que haya drenado, repita la operación y controle el tiempo que tarda en drenar de nuevo. Si es más de 8 horas, su drenaje del suelo necesita ser mejorado, o usted podría considerar una cama elevada o jardinería en contenedores en su lugar.

4. Agua

Puede utilizar mantillo y composta para ayudar a sus plantas a ser resistentes a la sequía, pero seguirán necesitando riego en algún momento, sobre todo si vive en una zona en la que llueve poco y hace mucho calor en los meses de verano. Las semillas, en particular, necesitan tierra húmeda y caliente para germinar, y la mayoría de las hortalizas necesitan un suministro de agua constante para garantizar un crecimiento sano. La cantidad ideal es una pulgada de agua por planta y semana.

Piense cómo va a regar su huerto. ¿Hay alguna fuente limpia cerca? ¿Utilizará una manguera, regaderas o una manguera de goteo? Esto debe tenerse en cuenta antes de llegar demasiado lejos en la puesta en marcha de su jardín.

5. Movimiento

Lo último que hay que tener en cuenta es como se mueven los elementos por su jardín. Algunas cosas a tener en cuenta son:

- **El agua:** ¿Cómo fluyen el deshielo y la lluvia por su terreno? ¿Demasiada agua arrasaría el jardín? ¿Se escurre o se encharca y queda todo empapado?
- **El viento:** ¿En qué dirección sopla el viento en cada estación? ¿Afectará a su huerto, sobre todo si el viento es fuerte? ¿Llegarán semillas de malas hierbas de otros huertos o campos cercanos?
- **Acceso al equipo:** ¿Puede acceder fácilmente al equipo de jardinería necesario en la zona? Necesitará una carretilla,

posiblemente un motocultor, e incluso es posible que necesite descargar camiones cargados de abono y quiera tener fácil acceso a él.

Una vez elegido el lugar, debe prepararlo para la plantación.

6. Despeje el terreno

Limpie completamente el suelo de hierba y malas hierbas, y retire cualquier otro resto de escombros y piedras que haya en la zona. Cuando plante en otoño, utilice capas de papel de periódico (hasta 10) con capas de composta, tierra para macetas y tierra vegetal. Pueden colocarse en capas o mezclarse. Riéguelo bien y déjelo para la primavera, tendrá una zona libre de malas hierbas lista para plantar.

7. Probar/Mejorar el suelo

Puede contratar a un profesional para que analice su suelo. Sin embargo, puede invertir en un kit para analizar el suelo de zonas más pequeñas. Esto no le proporcionará tanta información, pero le dará una idea aproximada de si su suelo tiene suficientes nutrientes o necesita algún tipo de ajuste.

La mayoría de las veces, el suelo de los jardines residenciales necesita un refuerzo de nutrientes, sobre todo si se ha retirado la capa superficial por algún motivo. Los niveles bajos de nutrientes son solo un problema; el suelo puede estar mal drenado o compactado. Resolver esto es muy fácil, añada mucha materia orgánica. Añada un par de centímetros de abono orgánico cuando labre o excave un nuevo bancal. Si trabaja en un bancal ya existente o no tiene previsto cavar la tierra, coloque la composta encima. Con el tiempo, se descompondrá y se convertirá en materia orgánica (humus). Las lombrices harán el trabajo por usted y lo mezclarán con la tierra.

8. Prepare sus bancales

Antes de cavar, decida qué tipo de sistema de arriate desea: Arriates elevados, hileras rectas, cuatro cuadrados, etc. Sea cual sea el sistema que elija, es imprescindible que la tierra esté suelta para que las raíces de las plantas puedan crecer y recoger los nutrientes y el agua que necesitan. Si va a plantar directamente en el suelo, utilice un motocultor para aflojar la tierra o córtela a mano. El laboreo es ideal si necesita añadir ingredientes o enmiendas a la tierra, ya que la fresadora los incorporará. Sin embargo, tenga en cuenta que un laboreo excesivo puede dañar la estructura del suelo. Si los bancales son pequeños, escarbe a mano.

Para que le resulte más fácil, no excave cuando la tierra esté demasiado seca. Será más difícil atravesarla. Si la tierra está demasiado húmeda, será pesada y le costará más trabajo. Es preferible que la tierra tenga un poco de humedad. Empiece con una horquilla de jardín para aflojar la tierra y, a continuación, excave con una pala. Dele la vuelta a la tierra y añada la materia orgánica. Si debe pisar tierra mezclada, coloque tablones para distribuir su peso.

Elija el abono orgánico adecuado

Los materiales orgánicos son excelentes para el suelo y fáciles de conseguir. Los buenos fertilizantes añaden nutrientes gradualmente, trabajando durante un periodo de tiempo para favorecer el crecimiento de las plantas. Un producto decente aportará a su jardín macro y micronutrientes, y no necesitará añadir productos químicos.

Las plantas necesitan ciertos macronutrientes que se encuentran en la mayoría de los abonos orgánicos, como los siguientes:

- Calcio
- Magnesio
- Nitrógeno
- Fósforo
- Potasio
- Azufre

Estos micronutrientes favorecen un crecimiento sano y protegen contra algunas enfermedades que frenan el desarrollo.

Sus plantas también necesitan los siguientes micronutrientes, que también se encuentran en los abonos orgánicos:

- Cloro
- Cobre
- Hierro
- Manganeso
- Níquel
- Zinc

Estos ayudan a las plantas a desarrollar flores, hojas sanas y una coloración verde y amarilla saludable.

Este equilibrio de macro y micronutrientes no se puede encontrar en los fertilizantes químicos, y estos no permanecen en el suelo el tiempo suficiente, por lo que uno se ve obligado a utilizarlos con regularidad, lo que posiblemente cause más daños al suelo. Los abonos orgánicos se liberan lentamente y mejoran la retención de agua y la calidad del suelo a largo plazo.

Además, son mucho más baratos e incluso puede fabricarlos usted mismo con ingredientes que ya tenga en casa.

Los principales tipos de abono orgánico:

Los fertilizantes orgánicos se pueden producir a partir de muchas fuentes, siendo las principales:

- De origen animal
- De origen mineral
- De origen vegetal

De origen animal

Suelen elaborarse a partir de estiércol animal y de los restos que quedan tras el sacrificio, como sangre y huesos. Son más nutritivos que los otros tipos y son mejores para las plantas de hoja. El estiércol de vaca es el más común, ya que tiene un buen equilibrio de nutrientes para todo tipo de jardines y céspedes.

De origen mineral

Se producen a partir de procesos químicos que utilizan elementos fácilmente disponibles en el medio ambiente. Son fundamentales para reequilibrar la composición del suelo, añadiendo al menos un macronutriente, dependiendo del abono que se utilice. Dependiendo de la cantidad que utilice, también pueden ayudar a equilibrar el nivel de pH, pero se requiere un uso eficiente para hacer el máximo bien sin dañar la estructura del suelo.

De origen vegetal

Como su nombre indica, se elaboran a partir de subproductos agrícolas y vegetales, como melazas, abonos verdes, cultivos de cobertura, algas marinas, harina de algodón y té de composta. Se descomponen rápidamente, aportan muchos nutrientes a su jardín y contribuyen a la regeneración del suelo y al crecimiento de las plantas. Son la mejor opción si el suelo de su huerto está mal drenado.

Cómo elegir el mejor

El mejor abono es el que se adapta a su tipo de suelo, por lo que debe analizarlo si quiere acertar. Un análisis adecuado le dirá:

- Los niveles de macro y micronutrientes de su suelo
- Qué plantas prosperarán
- Si tiene un suelo equilibrado y, en caso contrario, qué necesita para mejorarlo.

El abono orgánico adecuado depende del tipo de suelo, de lo que quiera cultivar y de las necesidades de cada planta.

Ideas para la disposición de los arriates

Gran parte de la planificación del huerto dependerá del espacio disponible. También planificará lo que va a plantar y el mantenimiento necesario. Puede cultivar un jardín que no necesite cuidados, pero puede que no sea lo que usted desea.

Hileras

Las hileras son fáciles de cuidar. Dividen el jardín de forma ordenada y, por lo general, se colocan de norte a sur, aunque también se puede optar por este a oeste. Mientras tenga suficiente espacio entre las hileras, podrá ocuparse fácilmente de su huerto.

Las plantas altas, como las judías y el maíz, deben plantarse en el extremo norte para que no hagan sombra a otros cultivos. Las plantas medianas van en el centro, y las más pequeñas al final. Sin embargo, cuando comience a plantar en asociación, esto cambiará ligeramente.

Cuatro cuadrados

Se trata de una disposición sencilla, con un arriate dividido en cuatro secciones iguales, cada una de las cuales representa un arriate independiente. No es necesario marcarlas físicamente si no se desea. Cada arriate representa plantas que necesitan distintas cantidades de nutrientes.

Las que necesitan muchos nutrientes deben plantarse juntas y con moderación. Las plantas que consumen menos pueden plantarse juntas y en número.

Rote los cultivos después de cada temporada para que la tierra se mantenga uniforme en todas las jardineras y cada una tenga las mismas necesidades de nutrientes. La disposición es la siguiente:

COMEDEROS PESADOS	COMEDEROS MEDIOS
COMEDEROS LIGEROS	SEMBRADORAS DE TIERRA

Después de la cosecha del primer año, retire los bancales y prepárelos para el año siguiente. Cada año, rotará los cultivos un cuadrado a la derecha, de modo que en su segundo año, tendrá este aspecto:

COMEDEROS LIGEROS	COMEDORES PESADOS
SEMBRADORAS DE TIERRA	COMEDORES MEDIOS

Y así sucesivamente. Así se mantiene el equilibrio en los bancales.

Pie cuadrado

Divida su terreno en sectores de 4 x 4 el número de secciones dependerá del tamaño de su jardín, y cada una será de un pie por un pie. Asegúrese de plantar las flores que necesiten apoyo junto a una pared u otra estructura. La clave de este método de cultivo es no abarrotar cada cuadrado, así que asegúrese de comprobar cuántas plantas puede tener en cada sector.

Bloque

La disposición en bloques también se conoce como plantación en hileras estrechas o anchas, y proporciona un rendimiento mucho mayor que la plantación en hileras estándar, con la ventaja añadida de mantener bajas las malas hierbas. Las parcelas son similares al método cuadrado, pero los sectores pueden ser tan largos como se desee. Esto elimina la necesidad de añadir pasillos adicionales, dándole más espacio para plantar.

Con este método se puede plantar mucho en poco espacio, pero solo si hay un buen drenaje y las plantas se riegan con regularidad. Hay que cuidar las plantas con regularidad para que crezcan y tener cuidado con las plagas. Los rectángulos pueden tener hasta 1,2 m de ancho, pero la longitud solo depende del espacio disponible. Esto hace que sean fáciles de desherbar y mantener. Las pasarelas no deben tener más de 60 cm de ancho y, a menos que las haga de adoquines, añada mantillo a las pasarelas en forma de virutas de madera, recortes de césped u otro tipo de mantillo orgánico.

Asegúrese de que las plantas están espaciadas por igual en ambas direcciones. Por ejemplo, un huerto de zanahorias tendría una separación de 3 x 3 pulgadas. Si construye un bancal de 3 x 3 pies, podrá colocar en él el equivalente a una hilera de zanahorias de 24 pies, un increíble ahorro de espacio con un mayor rendimiento.

Vertical

Los huertos verticales son ideales si no tiene mucho espacio. Como su nombre indica, se planta hacia arriba en lugar de horizontalmente. Esto se puede hacer en camas verticales, cestas o cualquier otro recipiente que pueda contener tierra verticalmente. Un método habitual es apilar recipientes. Esto requiere un poco de trabajo para configurar, pero es fácil de cuidar una vez que las plantas crecen.

Contenedores o bancales elevados

Funcionan bien en jardines pequeños o cuando la tierra está demasiado gastada para recuperarla. No hay límites para este tipo de disposición; la ventaja de utilizar contenedores es que puede moverlos de un sitio a otro.

Capítulo 3: Herramientas para la siembra ecológica asociada

Disponer de las herramientas adecuadas es fundamental para cultivar un huerto de forma eficiente; se trata de facilitarle la vida para que disponga de más tiempo para disfrutar de los frutos de su trabajo.

Algunas cosas a tener en cuenta a la hora de comprar herramientas son:

- **Calidad:** Las herramientas baratas no durarán ni cinco minutos, así que no malgaste su tiempo ni su dinero. En su lugar, compre herramientas de alta calidad y bien fabricadas, que durarán más. Las herramientas suelen romperse en las uniones (normalmente donde se sujeta el mango), así que busque herramientas de una sola pieza que duren.
- **Materiales:** Al elegir mangos de madera, las maderas duras no se astillan como las blandas, por lo que durarán más y supondrán menos peligro. El acero es excelente pero pesado, el aluminio es más ligero, pero no tan resistente, y la fibra de vidrio es una buena mezcla de ambos.
- **Diseño:** Tenga en cuenta las herramientas ergonómicas. Por ejemplo, en el caso de las que tienen empuñaduras acolchadas o curvadas, tenga en cuenta también el peso, si son demasiado pesadas, no podrá utilizarlas durante mucho tiempo, mientras que las herramientas demasiado ligeras probablemente no serán lo suficientemente resistentes.

Antes de comprar herramientas, haga una lista de todo lo que necesita y asegúrese de comprar la mejor calidad que pueda permitirse. Aquí tiene algunas ideas de herramientas útiles:

Pala y horquilla

Una pala y una horquilla son esenciales para marcar los bancales y cavarlos
https://unsplash.com/photos/vdD1rcsdL3E?utm_source=unsplash&utm_medium=referral&utm_content=creditShareLink

Son esenciales para marcar los bancales y cavarlos. Las palas pueden ayudarle a excavar la tierra dura y los agujeros profundos para árboles y arbustos, mientras que las horquillas le ayudan a romper la tierra hasta conseguir una consistencia más fina. Las hay de todos los materiales y tamaños, así que elige la que mejor se adapte a sus necesidades. No confunda una pala con una pala de jardinería; las palas tienen una cabeza de fondo plano, mientras que las palas de jardinería suelen ser puntiagudas y más afiladas.

Cubo

Los buenos cubos son un excelente medio de transporte. Lleve sus herramientas de mano, mantillo, abono, agua e incluso plantas a donde tengan que ir. Si puede soportar el peso, opte por un cubo de aluminio galvanizado; si no, elija uno de plástico resistente.

Cesta

Esta gran cesta tejida es ideal para guardar la cosecha y las malas hierbas, mover la tierra y mucho más. Algunas incluso pueden contener agua.

Cultivador

Un mango unido a una formación de púas metálicas en forma de garra. Sirve para remover la tierra, sacar piedras grandes y rocas del suelo, aflojar las plantas para la cosecha, arrancar las malas hierbas y mezclar enmiendas con la tierra.

Las encontrará de distintos materiales, desde plástico y madera hasta acero inoxidable y fibra de carbono. Si quiere ir a por todas, puede optar por una herramienta de dos caras con varias herramientas en un lado y un cultivador en el otro. Si tiene problemas de espalda o necesita trabajar en un área más grande, puede comprar una herramienta con un mango largo o adquirir un extensor para su cultivador actual.

Horquilla manual

Excelente para aflojar la tierra y cavar sobre arriates y contenedores para eliminar malas hierbas, introducir enmiendas y aflojar la tierra alrededor de las plantas para facilitar la cosecha. Elija una de plástico resistente o de metal para obtener los mejores resultados; algunas de plástico son débiles y no duran ni cinco minutos.

Calzado

El calzado adecuado es importante, así que elija zapatos o botas cómodos, duraderos y fáciles de limpiar. Procure tener un par dedicado exclusivamente a la jardinería.

Es preferible utilizar calzado lavable para trabajar en el jardín
https://unsplash.com/photos/tWE9W_5qTd0?utm_source=unsplash&utm_medium=referral&utm_content=creditShareLink

El calzado no lavable no es lo ideal, ya que puede llevar fácilmente agentes patógenos de una zona del jardín a otra, con el consiguiente riesgo de enfermedades para las plantas. Además, se estropearán con bastante rapidez. Limpie su calzado después de cada sesión en el jardín para asegurarse de que no tienen ninguna enfermedad desagradable en ellos.

Rastrillo de jardín

Los rastrillos de jardín tienen cabezas mucho más firmes con púas cortas y fuertes, mientras que un rastrillo de hojas es más grande, ligero y flexible, con púas largas y dobladas. Un rastrillo de jardín tiene dos usos. Puede utilizar el lado con púas para aflojar malas hierbas, raíces y rocas, retirar hierba muerta y esparcir la tierra o enmiendas del suelo. El lado plano puede ayudarle a hacer surcos en el suelo, alisar la tierra antes de plantar y cubrir ligeramente las semillas.

Hay rastrillos de varios tamaños, así que elija el que mejor se adapte a sus necesidades.

Guantes

Los guantes son una parte importante de su caja de herramientas de jardinería, pero no puede usar unos guantes cualquiera; eso significa que los guantes de cocina de goma y los guantes de invierno de lana no sirven. Invierta en un buen par de guantes de jardinería. Son duraderos, transpirables, lavables y ofrecen un buen agarre. Puede que necesite un par resistente para cavar, escardar y realizar trabajos pesados de jardinería, y un par más ligero para sembrar semillas y plantas.

Carretilla

Una carretilla puede ayudarle a mover el equipo por el jardín

https://unsplash.com/photos/x6UXMqFw6GU?utm_source=unsplash&utm_medium=referral&utm_content=creditShareLink

Las carretillas le facilitan la vida porque le permiten desplazar el material por el jardín sin problemas. Puede transportar sus herramientas, bolsas de abono, malas hierbas, incluso cubos de agua, y casi cualquier cosa que le ayude con su trabajo de jardinería.

Azada

Hay diferentes tipos de azadas, y la que elija dependerá de su jardín. Si se dedica a las hortalizas, necesitará una azada ancha y fuerte, mientras que un jardín de plantas perennes necesita algo más ligero y fino.

Las azadas son excelentes herramientas para eliminar las malas hierbas, sobre todo entre las hileras de plantas, y para preparar la tierra de los arriates. Tradicionalmente, tienen una hoja plana con una punta afilada para cavar en la tierra, aunque algunas tienen el borde inferior plano. También puede utilizar una azada para quitar piedras y rocas, cubrir surcos de siembra, cortar hierba, hacer surcos, desherbar y labrar la tierra.

Manguera

Acarrear cubos por el jardín pronto se convertirá en una tarea pesada, así que es mejor que compre una buena manguera con cabezal múltiple. Asegúrese de que es lo bastante larga como para llegar a donde la necesita; es posible que tenga que unir dos o más. Los racores suelen ser de plástico, pero si puede, invierta en unos de latón, duran mucho más. Para ahorrar tiempo, puede instalar un sistema de riego o una manguera de remojo. Una vez instalados, solo tiene que conectar la manguera y dejar que riegue el jardín mientras realizas otras tareas. Además, estos sistemas consumen un 70% menos de agua que las mangueras normales, y el agua va exactamente donde se necesita, a las raíces de las plantas.

Medidor de humedad/luz/higiene

Puede comprar estos productos por separado o adquirir una herramienta que lo haga todo. Los tres son importantes para su jardín. El medidor de pH le indica si el suelo es adecuado para las plantas que desea cultivar, el medidor de luz le indica si sus plantas están demasiado expuestas al sol o a la sombra, y el medidor de humedad le permite saber cuándo es el momento de regar.

Motocultor

Se trata de herramientas estándar para romper el suelo, aflojar la tierra y facilitarle la tarea de cavar y plantar. Puede comprar motocultores manuales, de gas o eléctricos, y lo que compre dependerá de su jardín. Si la tierra está dura y compactada y no se ha tocado en mucho tiempo, necesitará un motocultor de gas para trabajos pesados. Sin embargo, si tiene un jardín pequeño o mediano, puede utilizar uno más pequeño para preparar la tierra, quitar las malas hierbas y hacer abono.

Podadoras

Las podadoras son útiles para cortar flores
https://www.pexels.com/photo/pruner-on-top-of-a-seedling-tray-6508421/

Otro elemento necesario en su caja de herramientas es un par de *podadoras*, también conocidas como *tijeras de podar*. Sirven para cortar flores, podar arbustos y plantas, y deshojar rosas y otras plantas con flor (cortar las flores viejas para que crezcan nuevas). Elija un par de buena calidad con una hoja afilada que produzca un corte suave y limpio que ayude a cicatrizar la herida y mantenga sana la planta.

Lona

No es necesariamente un artículo de jardinería, pero las lonas sirven para muchas cosas. Puede utilizarlas para cubrir materiales y tierra. Arrastrar plantas hasta su nueva ubicación (especialmente arbustos grandes), arrastrar escombros, hojas y recortes de césped hasta donde usted quiera, arrastrar tierra o composta hasta el lugar adecuado, almacenar tierra que haya desenterrado mientras plantaba, forrar el maletero del coche para cuando traiga plantas a casa y envolver arbustos para el invierno.

Paleta

La paleta es una herramienta multiusos, una pequeña pala que se utiliza para el cultivo a pequeña escala. Puede utilizarse para cavar agujeros para plantar, extraer piedras y rocas, vaciar abono en recipientes, hacer pequeñas excavaciones, desherbar y trasplantar. Las hay de todos los materiales, con diferentes longitudes de hoja y mango, y algunas tienen empuñaduras cómodas. Elija una llana con mango completo para que tenga menos posibilidades de romperse o doblarse. También puede comprar paletas con marcas de medida en la hoja, ideales para ayudarle a calibrar la profundidad a la que debe cavar un hoyo.

Otras herramientas

También debería considerar la posibilidad de disponer de una tabla de cultivos asociados que le sirva de guía para saber qué plantar y con qué. Un software de planificación de jardines puede ayudarle a planificar su huerto, mientras que las aplicaciones de jardinería también le ayudan a planificar e identificar plantas y malas hierbas y le dan muchos consejos sobre plagas e insectos beneficiosos. Un kit de análisis del suelo es útil si no quiere enviar la tierra a analizar, mientras que un diario de jardinería puede ayudarle a llevar un registro de lo que ha plantado y dónde, fechas, variedades, notas sobre germinación, fructificación, poda, etc., y notas sobre problemas con plagas y otros problemas del jardín.

Por último, compre una selección de botellas pulverizadoras para sus fertilizantes orgánicos.

SEGUNDA SECCIÓN: SELECCIÓN DE PLANTAS Y EMPAREJAMIENTO

Capítulo 4: Siembra asociada de hortalizas

A las hortalizas les encanta crecer con plantas asociadas, ya que se benefician de un crecimiento más fuerte, mejor sabor, más rendimiento y menos plagas y enfermedades. Sin embargo, hay que tener en cuenta que, aunque las plantas asociadas funcionan, cada región será diferente, al igual que cada huerto, por lo que la experimentación y el conocimiento son fundamentales.

En este capítulo se enumeran las hortalizas más populares, sus mejores aliadas y las que conviene evitar.

Espárragos

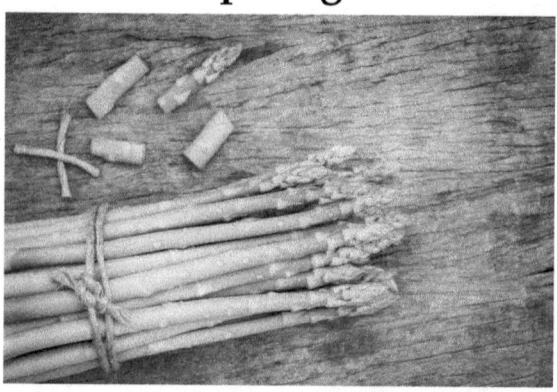

Los espárragos tardan unos años en asentarse
https://www.pexels.com/photo/flat-lay-photography-of-asparagus-351679/

Ideal para jardineros pacientes, el espárrago tarda unos años en asentarse, pero la espera merece la pena. Un semillero de espárragos bien cuidado le proporcionará kilos y kilos de deliciosas verduras.

Buenas compañeras:
- **Albahaca y perejil:** Favorecen un crecimiento vigoroso.
- **Tomates:** Disuaden a los escarabajos de los espárragos

Los tomates también se benefician del perejil y la albahaca con un crecimiento más fuerte y frutos de tomate más sabrosos. La albahaca también disuade al gusano del tomate.

Los espárragos también crecen bien con las caléndulas, la consuelda, el eneldo y el cilantro, ya que mantienen alejados a los ácaros, los pulgones y otras plagas; no obstante, es importante que investigue si cultiva tomates con espárragos. Los otros cultivos también deben ser amables con los tomates.

Malas compañeras:
- **Ajos y cebollas:** Atrofian el crecimiento de los espárragos.
- **Patatas:** Tienen raíces profundas como los espárragos y compiten por el espacio y los nutrientes.

Judías

Es un buen cultivo porque aporta nitrógeno al suelo. Algunos jardineros recogen la mitad de la cosecha y luego excavan el resto para añadir más nutrientes al suelo, pero usted puede conseguirlo cosechando todas las judías, arrancando las plantas, troceándolas y excavándolas; no olvide las raíces, ya que es ahí donde se almacena el nitrógeno.

Buenas compañeras:
- **Calabaza y maíz:** Los tres forman las "tres hermanas". El maíz crecerá alto, proporcionando sombra a la calabaza y las judías y un tallo alrededor del cual crecerán las judías. La calabaza mantiene a raya las malas hierbas y las judías aportan nitrógeno al suelo.
- **Caléndulas:** Perfectas para ahuyentar las plagas. Las caléndulas africanas y francesas exudan una sustancia química de sus raíces que disuade a los nematodos.
- **Patatas y hierba gatera:** Disuaden al escarabajo de las pulgas mexicano.

- **Romero y capuchina:** También disuaden al escarabajo mexicano de las pulgas.
- **Ajedrea de verano:** Repele los escarabajos pulga e induce un crecimiento fuerte y un mejor sabor.
- **Berenjenas, rábanos y pepinos:** Favorecen el crecimiento.

Otras buenas compañeras son el apio, la coliflor, la col, el brécol, las zanahorias, las fresas y los guisantes, que también se benefician del nitrógeno fijado en el suelo por las judías.

Malas compañeras:
- **Familia de las cebollas:** Incluye ajos, cebollas, puerros y cebolletas, que inhiben el crecimiento.
- **Colirrábano, albahaca e hinojo:** También inhiben el crecimiento.
- **Girasoles:** Las toxinas de las flores inhiben el crecimiento de las judías.

Remolacha

Las remolachas son increíblemente fáciles de cultivar, pero requieren un suelo rico, fértil y bien drenado.

Buenas compañeras:
- **Brásicas:** La familia que incluye las verduras de hoja densa como la col, el brécol, las coles de Bruselas y otras. La remolacha aporta minerales a la tierra, lo que beneficia a las brásicas, y sus hojas también tienen un alto contenido en magnesio, lo que constituye un excelente abono para las brásicas.
- **Ajo:** Un buen disuasivo contra escarabajos, gusanos y polillas. El ajo también contiene un agente antifúngico llamado azufre, que protege a las remolachas contra las enfermedades fúngicas. Al igual que en la cocina, el ajo potencia el sabor de la remolacha durante el cultivo.
- **Menta:** Mejora el crecimiento de la remolacha, atrae a los depredadores para mantener alejados a los pulgones y repele a algunos roedores, pulgas y escarabajos pulgones. Sin embargo, la menta debe cultivarse en macetas, ya que es terriblemente invasiva en el suelo.

Malas compañeras:
- **Alubias, acelgas y mostaza de campo:** Todas estas plantas frenan el crecimiento de la remolacha.

Brócoli

El brócoli requiere un cuidado regular
https://unsplash.com/photos/l55IGtwI8mI?utm_source=unsplash&utm_medium=referral&utm_content=creditShareLink

El brócoli pertenece a la familia de las brasicáceas, y le gustan muchos nutrientes, lo que implica una alimentación regular, especialmente con calcio.

Buenas compañeras:
- **Hierbas aromáticas:** El romero, el eneldo, la menta en maceta, el tomillo y la albahaca actúan como repelentes de plagas.
- **Ajo:** También mantiene alejadas a las plagas.

Malas compañeras:
- **Otras brasicáceas:** Todas las brásicas se alimentan mucho y compiten entre sí por los nutrientes del suelo, dejándolo en muy malas condiciones.
- **Espárragos, calabazas, melones y maíz:** Como en el caso anterior, también se alimentan mucho.

- **Solanáceas:** Incluye berenjenas, pimientos y tomates; estos atrofiarán su crecimiento.
- **Fresas y judías verdes:** También atrofian el crecimiento y compiten por los nutrientes.

Como no se puede plantar gran cosa con el brócoli, se tiende a desperdiciar demasiado espacio. Aprovéchelo al máximo plantando plantas que se alimenten poco y no compitan por los nutrientes, como caléndulas, capuchinas, judías arbustivas, lechuga, chalotas y pepino.

Coles de Bruselas

También de la familia de las brasicáceas, son susceptibles a muchas plagas, por lo que su cultivo resulta frustrante. Atraen a todo tipo de plagas, desde pulgones y orugas hasta moscas blancas, y muchas más.

Buenas compañeras:
- **Capuchinas:** Repelen algunos pulgones, chinches y moscas blancas.
- **Albahaca:** Repele mosquitos y moscas, y atrae insectos beneficiosos como las abejas.
- **Ajo:** Repele pulgones y escarabajos japoneses y protege contra el tizón; es mejor plantarlo entre las coles de Bruselas para obtener la mejor protección.
- **Caléndulas:** Repelen muchas plagas.
- **Mostaza:** Un cultivo trampa popular, la mostaza atrae a muchas plagas que atacan a las coles de Bruselas. Sin embargo, una vez atacada, la planta debe ser destruida y sustituida.

Malas compañeras:
- **Judías pintas, fresas y tomates:** Como todas las brásicas, estas atrofiarán su crecimiento.

Col

Otra brásica, la col es un faro para muchas plagas y, como todos los miembros de esta familia, debe cultivarse bajo una malla fina para reducir los ataques y evitar que las mariposas pongan huevos en las hojas.

Buenas compañeras:
- **Romero y salvia:** Su aroma repele la polilla de la col. Plántelos entre las hileras de coles para repeler las plagas y suprimir las

malas hierbas.
- **Manzanilla:** Mejora el sabor.
- **Caléndulas:** Repele la polilla de la col, los pulgones y muchas otras plagas.
- **Cebollas, remolachas y apio:** Repelen las plagas y mejoran el sabor.

Malas compañeras:
- **Tomates, mostaza, uvas y judías verdes:** Frenan el crecimiento de la col.

Zanahorias

Las zanahorias son relativamente fáciles de cultivar y requieren pocos cuidados, excepto el riego y el deshierbe.

Buenas compañeras:
- **Tomates:** Las zanahorias rompen el suelo y lo airean, mejorando el crecimiento de las tomateras. Sin embargo, deben plantarse a una distancia mínima de 25 cm; de lo contrario, los tomates atrofiarán el crecimiento de las zanahorias. Además, los tomates dan sombra a las zanahorias y segregan solanina, una sustancia química que repele las plagas.
- **Cebollas, puerros y ajos:** Interplantarlos puede ayudar a repeler la temida mosca de la zanahoria.
- **Hierbas aromáticas:** El cebollino, el perejil, la salvia, el romero, etc., repelen las plagas.

Malas compañeras:
- **Cilantro y eneldo:** Ambas plantas segregan sustancias químicas en el suelo que matan a las zanahorias.
- **Chirivías:** También atraen a la mosca de la zanahoria, por lo que no es buena idea plantarlas juntas.

Plante judías en el arriate el año anterior a plantar zanahorias. Fijarán nitrógeno en el suelo para que las zanahorias se alimenten de él. Sin embargo, coseche las judías y retire las plantas antes de plantar las zanahorias. De lo contrario, producirán demasiada sombra y desplazarán a las zanahorias.

Coliflor

Otro miembro de la familia de las brásicas que atrae a muchas plagas. En lugar de plantarla en hileras, la coliflor debe intercalarse entre otros cultivos para disimularla y mantener alejada a la polilla de la col.

Buenas compañeras:

- **Cosmos:** Repele los pulgones y los gusanos de la col.
- **Capuchinas:** Buen cultivo trampa para atraer a los pulgones y alejarlos de la coliflor.
- **Hinojo:** Atrae a las avispas parásitas, que ponen huevos bajo la piel de los gusanos de la col y los matan.
- **Apio y orégano:** Ambos repelen muchas plagas que atacan a las brásicas.

Malas compañeras:

- **Tomates:** Como ambos se alimentan mucho, compiten por los nutrientes y ninguno de los dos crecerá muy bien.
- **Fresas:** Como ya se ha mencionado, compiten por los nutrientes y frenan el crecimiento.
- **Otras brásicas:** Todas se alimentan mucho y atraen las mismas plagas.

Plante judías el año anterior para que fijen el nitrógeno en el suelo y la coliflor pueda alimentarse de él.

Apio

El apio no es el más fácil de cultivar y requiere mucha agua. Por eso no conviene plantar demasiados.

Buenas compañeras:

- **Brásicas:** El apio disuade a la polilla de la col.
- **Puerros y cebollas:** Atraen a los insectos que atacarían al apio.
- **Cosmos, boca de dragón, caléndulas, capuchinas y margaritas:** Todas repelen las plagas y atraen a depredadores como las avispas parásitas y otros insectos beneficiosos.
- **Guisantes y judías:** Añaden nitrógeno al suelo.
- **Tomates y espinacas:** Proporcionan sombra para mantener el suelo húmedo.

Malas compañeras:
- **Aster y maíz:** Ambos atraen enfermedades y plagas dañinas.
- **Patata y chirivía:** Se alimentan en exceso, despojan al suelo de nutrientes y favorecen la aparición de plagas nocivas.

Maíz

El maíz dulce es fácil de cultivar, pero debe plantarse en bloques de cuatro (no en hileras) porque así se favorece la polinización.

Buenas compañeras:
- **Judías y guisantes:** Fijan el nitrógeno que necesita el maíz.
- **Calabaza:** Buena cubierta vegetal para mantener la humedad y las malas hierbas a raya.
- **Pepinos:** Intercalar pepinos y maíz disuade a los mapaches.
- **Trébol:** Actúa como mantillo y fijador de nitrógeno; sin embargo, tenga en cuenta que el trébol puede extenderse rápidamente y tendrá que ser controlado.

Malas compañeras:
- **Tomates:** Atraen plagas dañinas, como el gusano de la espiga, que destruirá la cosecha de maíz.

Las patatas están en los dos bandos. Por un lado, el maíz da sombra a las patatas, manteniendo el suelo más fresco y húmedo. Sin embargo, ambas se alimentan mucho, por lo que pronto agotarán el suelo y sufrirán si no se las alimenta con regularidad. Las patatas también atraen a muchas plagas que se comen el maíz, como los gusanos cortadores, los pulgones de la patata, etc.

Pepino

El pepino crece bien en un invernadero o en un túnel, pero requiere mucha agua, por lo que no conviene plantarlo cerca de otras plantas sedientas.

Buenas compañeras:
- **Maíz:** Mantiene a los mapaches alejados del maíz, y el pepino utilizará el maíz como espaldera.
- **Capuchinas y caléndulas:** Ambas repelen plagas dañinas, como escarabajos y trips.

- **Orégano:** Repele los insectos.
- **Eneldo:** Mejora el sabor del pepino.
- **Lechugas, cebollas y rábanos:** Repelen ciertos insectos y ayudan a mejorar el crecimiento y el sabor.
- **Judías y guisantes:** Por su capacidad para fijar nitrógeno, sobre todo si se plantan el año anterior.

Malas compañeras:
- **Patatas:** Compiten con el pepino por los nutrientes y el agua.
- **Salvia:** Detiene el crecimiento.
- **Tomates:** Atrofian el crecimiento y atraen plagas dañinas.

Berenjena

La berenjena puede cultivarse en zonas más cálidas
https://unsplash.com/photos/8cqlBGw84oU

Conocida como *melongena* en Europa, la berenjena es popular y tiene una larga temporada de crecimiento y fructificación. Le encanta el sol, por lo que puede cultivarse fácilmente al aire libre en zonas cálidas. En climas más fríos, debe cultivarse en invernadero o en túnel.

Buenas compañeras:
- **Menta gatuna:** Disuade a los escarabajos pulga.
- **Pimientos picantes:** Segregan una sustancia química que previene las enfermedades por Fusarium y la podredumbre de las raíces.

- **Pimientos dulces:** Segregan menos sustancias químicas, pero tienen el mismo efecto.
- **Alubias de caña:** Por su nitrógeno, pero no deje que hagan sombra a las berenjenas.
- **Judías de arbusto:** Repelen los escarabajos de Colorado.
- **Caléndula mexicana:** También repele al escarabajo de Colorado, pero no se lleva bien con las judías; tendrás que plantar estas o las judías, no ambas.
- **Tomillo y estragón francés:** Repelen las plagas dañinas y las polillas del jardín.
- **Tomates:** Necesidades de cultivo similares, pero no los plantes demasiado juntos o se desplazarán unos a otros.

Malas compañeras:
- **Geranios:** Albergan enfermedades que pueden afectar a la berenjena, como la podredumbre de la raíz y el tizón de la hoja.
- **Maíz y calabacín:** Ambos se alimentan mucho y competirán con la berenjena por los nutrientes.

Colirrábano

El colirrábano puede cultivarse en climas más fríos
https://unsplash.com/photos/LYefL2BqtBY

Es un cultivo de clima más frío y forma parte de la familia de las brasicáceas, lo que significa que atrae a muchas plagas diferentes.

Buenas compañeras:
- **Cebolla:** Disuade a las plagas, incluida la polilla de la col.
- **Lechuga:** Ahuyenta la mosca de la tierra.

Malas compañeras:
- **Fresas y tomates:** Ambos frenan el crecimiento del colirrábano.

Puerros

De la familia de los alium, los puerros son fáciles de cultivar y pueden dejarse en el suelo hasta que se necesiten. Puede cultivar puerros, ajos y cebollas juntos, pero el monocultivo puede atraer plagas y enfermedades.

Buenas compañeras:
- **Fresas:** El fuerte olor de los puerros aleja a las plagas de las fresas.
- **Manzanos:** Los puerros también disuaden a las plagas de los árboles, y los manzanos mejoran el crecimiento de los puerros.
- **Zanahorias:** Se trata de una relación bidireccional, los puerros disuaden a la mosca de la zanahoria y las zanahorias disuaden a la mosca de la cebolla. Además, ambos cultivos ablandan la tierra y favorecen el crecimiento
- **Chirivías:** Los puerros disuaden a las plagas de las chirivías.
- **Capuchinas, amapolas y caléndulas:** Todas repelen las plagas.
- **Pimientos y tomates:** Los puerros mantienen las plagas alejadas de estas plantas y también ayudan a maximizar el espacio, ya que se pueden plantar alrededor de pimientos y tomates.
- **Remolacha:** Requiere cuidados similares y los puerros repelen las plagas de la remolacha.
- **Apio:** Ambas plantas pueden crecer juntas en zanjas y tienen necesidades de nutrientes similares. Además, los puerros alejan las plagas del apio.
- **Brásicas:** No compiten por nutrientes y agua, y el fuerte olor de los puerros disuade a las plagas que atacan a las brásicas.
- **Hierbas aromáticas:** Atraen a los polinizadores y disuaden a algunas plagas.

Malas compañeras:
- **Judías y guisantes:** Atrofian el crecimiento del puerro.

- **Espárragos:** Los cuidados son muy diferentes.

Lechuga

Fácil de cultivar, la lechuga es un cultivo muy popular entre los jardineros de todo el mundo.

Buenas compañeras:
- **Menta:** Cultivada en macetas para evitar que se extienda, la menta repele a las babosas.
- **Cebollas, zanahorias y puerros:** Son cultivos de crecimiento más lento y les cuesta competir con las malas hierbas; plantar lechuga alrededor de estos cultivos ahogará las malas hierbas.
- **Rábanos:** Los rábanos mejoran el sabor de la lechuga.
- **Pepinos:** Mejoran el sabor y dan sombra a las lechugas, pero no deje que los pepinos desplacen a las lechugas; plántelos también con rábanos, ya que disuaden al escarabajo del pepino.
- **Fresas:** Mejoran el suelo y atraen a los insectos beneficiosos y depredadores.
- **Albahaca:** Mejora el crecimiento y el sabor.

Malas compañeras:
- **Brásicas:** Se alimentan mucho y compiten con la lechuga por los nutrientes, retrasando su crecimiento.
- **Hinojo:** Detiene el crecimiento.
- **Perejil:** Hace que la lechuga se atrofie muy rápidamente.
- **Apio:** Atrae las mismas enfermedades y plagas que la lechuga, causando daños a ambos cultivos.

Cebollas

Otra planta fácil de cultivar, que se puede cultivar a partir de semillas o comprar plantones.

Buenas compañeras:
- **Brásicas:** Las cebollas repelen las moscas de la col, las orugas de la col y los gusanos de la col.
- **Zanahorias:** Se ayudan mutuamente, manteniendo alejadas a las moscas de la cebolla y la zanahoria.

- **Lechugas, fresas, tomates y pimientos:** Las cebollas alejan las plagas de estos cultivos y no compiten con las cebollas por los nutrientes.
- **Perejil y menta:** Repelen las moscas de la cebolla; eso sí, cultive menta en macetas, ya que es increíblemente invasiva.
- **Manzanilla:** Atrae a insectos beneficiosos como los polinizadores y repele otras plagas; también mejora el sabor de la cebolla.
- **Pepinos, pimientos y tomates:** No compiten por los nutrientes, y las cebollas mantienen a las plagas alejadas de ellos.

Malas compañeras:
- **Judías, guisantes y espárragos:** Requieren condiciones diferentes para desarrollarse, por lo que plantarlos con cebollas no beneficiará a ninguno de ellos.
- **Otros allium:** Atraen las mismas plagas, provocando una infestación.

Guisantes

Otro cultivo popular son los guisantes, son buenos compañeros de muchos cultivos.

Buenas compañeras:
- **Maíz:** Los guisantes pueden utilizarlo como enrejado.
- **Judías verdes y zanahorias:** Requieren condiciones similares y no tienen efectos adversos entre sí.
- **Nabos:** Los guisantes aportan nitrógeno al suelo para que los nabos se alimenten de él, mientras que los nabos repelen las plagas.
- **Albahaca:** Repele las plagas, especialmente los trips, que pueden diezmar los guisantes.
- **Lechuga y espinacas:** Se benefician de la sombra de los guisantes y del nitrógeno.
- **Coliflor:** También se beneficia del nitrógeno.
- **Capuchinas:** Un buen cultivo trampa para alejar las plagas de los guisantes.

Malas compañeras:
- **Allium:** Frenan el crecimiento de los guisantes.

Patatas

Las patatas son un cultivo maravilloso que, si se cuida adecuadamente, puede proporcionarle una gran cantidad de patatas nuevas y de cosecha principal para pasar el invierno.

Buenas compañeras:
- **Cebollino:** Atrae insectos beneficiosos y depredadores que atacan las plagas de las patatas y mejoran su crecimiento.
- **Cilantro:** También atrae a insectos beneficiosos y depredadores, como las mariquitas, que se alimentan de los huevos del escarabajo de Colorado, las avispas parásitas y las moscas voladoras.
- **Rábano picante:** Produce olores y sustancias químicas que mejoran la resistencia a las enfermedades.
- **Perejil y tomillo:** Mejoran el sabor y atraen insectos beneficiosos.
- **Menta:** Atrae insectos beneficiosos y depredadores.

Malas compañeras:
- **Familia de las solanáceas:** Incluye los pimientos y los tomates, que son de la misma familia que las patatas y compiten por el agua y los nutrientes y atraen las mismas enfermedades y plagas.
- **Pepinos:** Hacen que las patatas sean vulnerables al tizón y compiten por los nutrientes.
- **Girasoles:** Exudan sustancias químicas que atrofian el crecimiento y la germinación de las semillas.

Calabaza

Las calabazas son fáciles de cultivar
https://unsplash.com/photos/T9pdHqCsyoQ

Las calabazas son las favoritas de la mayoría de los jardineros, ya que son fáciles de cultivar. Sin embargo, se propagan con bastante rapidez, por lo que lo ideal es no plantarlas cerca de muchas plantas.

Buenas compañeras:

- **Judías y maíz:** Se trata del método de las *tres hermanas* mencionado anteriormente. La calabaza cubre el suelo para los otros dos cultivos, manteniendo la humedad en la tierra y aplastando las malas hierbas. En este método, las calabazas deben plantarse en último lugar, cuando el maíz tenga al menos 24 pulgadas de altura. De lo contrario, la calabaza afectará a su crecimiento.

Malas compañeras:

- **Las patatas:** Las calabazas pueden provocar plagas en las patatas.

Espinacas

Otro cultivo sencillo de cultivar. Solo tiene que recoger las hojas cuando sea necesario y la planta seguirá creciendo.

Buenas compañeras:

- **Judías o guisantes:** Dan sombra a las espinacas y aportan nitrógeno al suelo.
- **Tomates y pepinos:** Dan sombra y no compiten por los nutrientes con las espinacas.
- **Lechuga y fresas:** Ambos estimulan el crecimiento sano de las espinacas.
- **Menta:** Ahuyenta caracoles y babosas, la mayor plaga de las espinacas.
- **Cebolla:** Repele las plagas.
- **Zanahorias:** Ayudan a mejorar la estructura del suelo.
- **Rábanos:** Repelen los escarabajos pulga y los pulgones.
- **Cilantro y eneldo:** Atraen a depredadores beneficiosos para evitar plagas.

Malas compañeras:

- **Patatas:** Las patatas, que se alimentan en exceso, despojan al suelo de nutrientes y agua. También atraen a insectos que se darán un festín con las espinacas.

- **Hinojo:** Detiene su desarrollo.

Zapallo

La familia de las calabazas incluye los zapallos, tan fáciles de cultivar como las calabazas.

Buenas compañeras:

- **Maíz y judías:** La mayoría de las calabazas crean una increíble cubierta vegetal y repelen las malas hierbas, potenciando el crecimiento del maíz y las judías.
- **Capuchinas:** Un cultivo trampa que atrae moscas blancas, pulgones, escarabajos pulga y otras plagas que podrían atacar a los zapallos. Plantéelas a cierta distancia del zapallo; si están demasiado cerca, las plagas saltarán de la flor al zapallo. Además, estas flores mejoran el sabor del zapallo.
- **Rábanos:** Disuaden al gusano barrenador del zapallo.
- **Girasol:** Da sombra.
- **Caléndulas:** Atraen a los depredadores beneficiosos y disuaden a los nematodos del suelo.
- **Borraja:** Repele las plagas, y las hojas se pueden cubrir con mantillo para aportar calcio al suelo.
- **Hierbas aromáticas:** Menta, eneldo, perejil, orégano, melisa, etc. Todas ellas repelen muchas plagas. Asegúrese de cultivar la melisa y la menta en macetas, o se apoderarán del jardín.

Malas compañeras:

- **Melones y calabazas:** Compiten por los nutrientes y el agua y atraen enfermedades y plagas.
- **Remolacha:** Este cultivo de crecimiento rápido puede alterar el sistema radicular del zapallo e impedir que crezca correctamente.
- **Hinojo:** Atrofia el crecimiento.
- **Patatas:** Roban todos los nutrientes del suelo.

Fresas

Fáciles de cultivar, las fresas son uno de los frutos favoritos y producen fruta durante toda la temporada, dependiendo de las variedades que tenga. Los dos tipos principales son las fresas de junio, que producen una cosecha más temprana, pero tienen una temporada de fructificación más corta, y las fresas perennes, que producen fruta durante una temporada mucho más larga. Si tiene un huerto de fresas, coloque una malla para mantener alejados a los pájaros.

Buenas compañeras:

- **Los allium:** Cebollas, cebollinos y puerros ayudan a repeler las plagas y a mantener alejadas las enfermedades. Deje florecer el cebollino, y atraerá a polinizadores beneficiosos como las abejas.
- **Espárragos:** Ambos tienen las mismas necesidades de crecimiento, pero sus estructuras radiculares son diferentes, por lo que no interfieren entre sí.
- **Espinacas:** Ambas tienen las mismas necesidades de crecimiento y son lo bastante pequeñas para crecer en el mismo bancal.
- **Judías y guisantes:** Mejoran el nitrógeno del suelo y potencian el crecimiento.
- **Milenrama, eneldo, borraja, hierba gatera y tomillo:** Atraen a polinizadores y depredadores beneficiosos y repelen otras plagas, al tiempo que potencian el crecimiento de las plantas y el rendimiento de los cultivos.
- **Caléndulas:** Repelen muchas plagas. Elija variedades enanas; de lo contrario, desplazarán a las fresas y producirán demasiada sombra.
- **Arándanos y arándanos rojos:** A todos les gusta el mismo tipo de suelo, y las fresas son una especie de mantillo para los otros arbustos frutales.

Malas compañeras:

- **Menta, okra, tomates, pepinos, pimientos, patatas y berenjenas:** Todas ellas son propensas a una enfermedad llamada marchitez verticillium, que puede destruir sus fresas.
- **Melones y calabazas de invierno:** También tienden a marchitarse, y las enredaderas estrangularán sus plantas de fresa.
- **Hortalizas crucíferas:** Esto incluye la col, el brócoli, la coliflor, la acelga, la acelga común y las coles de Bruselas, y todas ellas pueden atrofiar el crecimiento de la planta de fresas. Además, atraen plagas no deseadas que pueden diezmar su cosecha de fresas.

Tomates

Otro cultivo muy popular. Aunque se han incluido en la sección de hortalizas, los tomates son, estrictamente hablando, frutas.

Buenas compañeras:

- **Albahaca:** Mejora el crecimiento y la salud de la planta, hace que la fruta sepa mejor y repele muchas plagas, como la araña roja, el gusano del cuerno, el pulgón y la mosca blanca.
- **Borraja:** Mejora el sabor de la fruta y el crecimiento sano de la planta, al tiempo que repele el gusano de la col y el gusano cornudo.
- **Cebollino:** Ahuyenta a los pulgones y atrae a los polinizadores beneficiosos.
- **Ajo:** Ahuyenta la araña roja. Algunas personas colocan bulbos de ajo en el suelo alrededor de sus tomates para mantener alejados a los insectos.
- **Caléndulas francesas:** Repelen babosas, nematodos, gusanos y otras plagas molestas.
- **Menta:** Repele roedores, escarabajos pulga, polillas blancas de la col, hormigas, pulgones, pulgas y otras plagas.
- **Capuchinas:** Disuaden de infecciones fúngicas y plagas como pulgones, chinches de la calabaza, escarabajos y mosca blanca.
- **Perejil:** Atrae a las moscas voladoras, que se alimentan de pulgones y otras plagas.
- **Espárragos:** Trabajan juntos; los espárragos mantienen alejados a los nematodos, mientras que los tomates repelen a los escarabajos de los espárragos.
- **Zanahorias:** Rompen el suelo.
- **Rosas:** Los tomates protegen a las rosas de la mancha negra.
- **Grosellas espinosas:** Los tomates repelen los insectos que podrían atacar a los arbustos de grosellas espinosas.

Malas compañeras:

- **Brásicas:** Todas ellas atraen a numerosas plagas que atacan a los tomates y frenan su crecimiento.
- **Maíz:** Atrae a los gusanos del maíz y del tomate, que también atacan a las tomateras.

- **Hinojo:** Detiene el crecimiento.
- **Patatas:** Los tomates y las patatas pueden verse afectados por el tizón; si uno lo contrae, el otro también lo hará.

Otra planta que puede ser tanto buena como mala es el eneldo. Mientras es una planta joven, el eneldo mejora el crecimiento sano de las tomateras, pero atrofiará el crecimiento cuando crezca. Si quiere cultivar eneldo con sus tomateras, asegúrese de cosecharlo completamente mientras es joven.

Nabos

Los nabos pertenecen a la familia de las mostazas
https://unsplash.com/photos/9c1f8Nae6j4

Los nabos, también llamados colinabos, son un cultivo maravilloso. Pertenecen a la familia de la mostaza y son bienales, lo que significa que tardan dos años en madurar. En el primer año crecen las raíces, las hojas y los tallos, mientras que en el segundo se producen las flores y las semillas.

Buenas compañeras:
- **Brásicas:** En este caso, los nabos son un cultivo trampa que atrae a las plagas lejos de las brásicas.
- **Ajos:** Las raíces de los nabos repelen a los barrenadores que atacan a los ajos, mientras que los ajos se lo devuelven disuadiendo a los pulgones, los escarabajos y las moscas de la cebolla de los nabos.

- **Judías y guisantes:** Añaden nitrógeno al suelo y, como los nabos son tubérculos y los guisantes crecen erguidos, esta compañía ayuda a maximizar el espacio.
- **Capuchinas:** Alejan las plagas del nabo y también atraen a depredadores y polinizadores beneficiosos.
- **Menta y hierba gatera:** Disuaden a pulgones y escarabajos pulga y atraen a depredadores beneficiosos y lombrices. Cultívelas en macetas, ya que son invasivas, corte las hojas de menta con regularidad e incorpórelas al suelo alrededor de los nabos.
- **Tomillo:** Disuade a la mosca blanca de la col y atrae a depredadores y polinizadores beneficiosos.

Malas compañeras:
- **Patatas:** Ambas hortalizas de raíz compiten por los nutrientes, el agua y el espacio, y se frenan mutuamente.
- **Cebollas:** Las cebollas suelen ser buenas plantas de compañía, pero no son las mejores para emparejar con nabos porque los bulbos de las cebollas crecen bajo tierra y hay un problema de espacio. Sin embargo, si las planta a unos metros de distancia, se beneficiará de que repelan las plagas de los nabos.

Calabacines

También llamados zucchinis o calabacines, los calabacines son increíblemente fáciles de cultivar y, si les proporciona los cuidados adecuados, se verá recompensado con una abundante cosecha de estas potentes hortalizas.

Buenas compañeras:
- **Rábanos:** Disuaden a los chinches de la calabaza, los escarabajos del pepino, los pulgones y muchas otras plagas. Como los rábanos son un cultivo de crecimiento rápido, tendrá que hacer varias siembras a lo largo de la temporada para aprovechar sus beneficios.
- **Ajos:** Repelen los pulgones.
- **Judías y guisantes:** Añaden nitrógeno al suelo.
- **Caléndulas:** Disuaden a muchas plagas y atraen a los polinizadores.

- **Capuchinas:** El siempre popular cultivo trampa, se sacrificarán ante los muchos depredadores que atacan a las plantas de calabacín. Sus flores también atraerán a polinizadores beneficiosos.
- **Hierbas aromáticas:** Entre ellas se incluyen la melisa, la menta, la borraja, el orégano, el perejil, la hierba gatera y el eneldo; todas ellas disuaden a las plagas y atraen a depredadores y polinizadores.

Malas compañeras:
- **Patatas:** Detienen el crecimiento y atraen a las plagas que atacan al calabacín, sobre todo el escarabajo de Colorado.
- **Hinojo:** Detiene el crecimiento.
- **Melones:** Ocupan demasiado espacio y desplazan a los calabacines. Además, ambas plantas compiten por la nutrición.
- **Calabazas:** Compiten por los nutrientes y, al ser de la misma familia, existe el riesgo de polinización cruzada, lo que da como resultado una gran cosecha, pero frutos pequeños.

Como puede ver, los mismos nombres aparecen repetidamente como plantas buenas y malas para acompañar a las hortalizas. La mayoría de las hierbas de olor fuerte son excelentes compañeras porque mantienen alejadas a las plagas, y la humilde capuchina es un excelente cultivo trampa, que se sacrifica constantemente atrayendo a las plagas lejos de la planta principal. Repito que si utiliza menta, melisa o hierba gatera, debe plantarlas en macetas o se arriesgará a que se apoderen de su jardín y asfixien todo lo demás.

En el próximo capítulo, veremos con más detalle las hierbas aromáticas como acompañantes.

Capítulo 5: Cultivo asociado con hierbas aromáticas

Las hierbas son plantas muy populares. Además, son fáciles de cultivar, requieren muy pocos cuidados e incluso se pueden utilizar en la cocina, frescas, secas o congeladas. La mayoría de los jardineros tienen hierbas aromáticas en sus jardines, pero el hecho de que sean tan buenas plantas asociadas es una buena excusa para cultivar aún más.

Estas son algunas de las mejores hierbas que puede cultivar y cómo utilizarlas como plantas de compañía.

Anís

El anís puede ayudar a controlar las plagas

SABENCIA Guillermo César Ruiz, CC BY-SA 4.0 <https://creativecommons.org/licenses/by-sa/4.0>, a través de Wikimedia Commons: https://commons.wikimedia.org/wiki/File:Pimpinella_anisum._An%C3%ADs.jpg

Nombre científico: Pimpinella anisum

Una de las hierbas más inusuales, el anís puede crecer hasta un metro de altura y producir flores blancas de encaje.

El anís es excelente para el control de plagas, ya que repele pulgones e insectos picadores y atrae insectos beneficiosos y depredadores, como las avispas depredadoras.

Buenas compañeras:

- **Cilantro:** Se ayudan mutuamente a geminar y a producir un crecimiento sano.
- **Brásicas:** El anís utiliza su olor para camuflar estas plantas y mantener alejadas a las plagas.

Malas compañeras:

- **Albahaca, judías y ruda:** Ninguna de ellas crece bien con el anís, ya que frena su crecimiento.

Albahaca

Nombre científico: Ocimum basilicum

Otra de las favoritas de los jardineros, la albahaca es una excelente planta de compañía, crece fácilmente en un jardín cálido y soleado y se adapta bien al cultivo en invernadero. Asegúrese de regar la albahaca a menudo, o puede marchitarse y morir.

Buenas compañeras:

- **Tomates:** Ambas plantas mejoran mutuamente su sabor.
- **Manzanilla:** Ayuda a que la albahaca crezca rápida y fuerte y aumenta el aceite de sus hojas.

Otras plantas que puede combinar con la albahaca son:

- Guindillas
- Espárragos
- Remolacha
- Judías
- Pimientos
- Espárragos
- Berenjenas
- Patatas

- Orégano
- Caléndulas

Malas compañeras:

- **Salvia y ruda:** Ambas atrofian el crecimiento de la albahaca.

Si se deja florecer la albahaca, atraerá muchos insectos beneficiosos al jardín. También repele muchas plagas, como mosquitos, gusanos cornudos, pulgones, escarabajos del espárrago y mosca blanca.

Borraja

Nombre científico: Borago officinalis

La borraja es una planta compañera muy popular, sobre todo porque atrae al jardín a polinizadores y depredadores beneficiosos.

Buenas compañeras:

- **Tomates y coles:** Repelen los gusanos de la col y el tomate, que pueden diezmar sus cultivos.
- **Fresas:** Ayuda a mejorar el sabor de las fresas.
- **Albahaca:** La borraja atrae a los polinizadores y a los buenos polinizadores, mientras que la albahaca repele a los insectos, protegiéndose mutuamente. La borraja también mejora el sabor de la albahaca.
- **Judías y guisantes:** A la borraja le encanta el nitrógeno extra de las judías, devolviendo el favor atrayendo a los insectos buenos y repeliendo a los malos.
- **Pepinos, melones, uvas, pimientos y berenjenas:** La borraja alimenta los suelos con calcio y potasio, atrayendo a los polinizadores adecuados y repeliendo las plagas.
- **Caléndulas:** La borraja crece mejor cerca de las caléndulas; juntas, son una potencia repelente de plagas.

Malas compañeras:

- **Patatas:** Si sus patatas tienen tizón, puede matar a la borraja.
- **Hinojo:** En el mejor de los casos, atrofiará el crecimiento. En el peor, matará a la borraja.

Menta gatuna

La menta gatuna puede atraer a los gatos
D. Gordon E. Robertson, CC BY-SA 3.0 <https://creativecommons.org/licenses/by-sa/3.0>, a través de Wikimedia Commons: https://commons.wikimedia.org/wiki/File:Catnip_flowers.jpg

Nombre científico: Nepeta cataria

La mayoría de la gente conoce la menta gatuna por su capacidad para atraer a los gatos, pero también es un tipo de menta. Como atrae a los gatos, debe enjaularla cuando la plante cerca de hortalizas, o los gatos podrían destrozarlas.

Buenas compañeras:

- **Judías:** La hierba gatera disuade a los escarabajos japoneses
- **Remolachas, zanahorias y brásicas:** También repele a los escarabajos pulga que atacan a estas plantas.
- **Lechugas:** La menta de gato repele a las babosas.
- **Fresas:** Disuade a muchas de las plagas que atacan a las fresas.
- **Tomates:** Se benefician de los polinizadores que acuden tras las flores de la hierba gatera.
- **Calabaza:** Cualquier miembro de esta familia se beneficia porque la hierba gatera puede repeler a los bichos de la calabaza.

Malas compañeras:

- **Perejil:** No le gusta la menta, y la menta gatera forma parte de la familia de la menta.

Perifollo

Nombre científico: Anthriscus cerefolium

El perifollo, también conocido como perejil francés, es popular en Francia, España y otros países de Europa occidental. Sus hojas tienen sabor a estragón, perejil, anís y regaliz, e incluso se pueden comer las flores. Crece hasta medio metro de altura, así que tenga cuidado con dónde la planta.

Buenas compañeras:

- **Brócoli:** El perifollo mejora el sabor.
- **Rábanos:** El perifollo hace que los rábanos sean más crujientes y picantes.
- **Lechuga:** El perifollo mejora el crecimiento y el sabor y disuade a hormigas y pulgones.
- **Milenrama:** Potencia los aceites esenciales del perifollo.
- **Allium:** Los puerros, las cebollas y los cebollinos ayudan a mantener alejadas del perifollo, entre otras plagas, a las moscas de la zanahoria.

El perifollo también es un cultivo trampa y funcionará bien cuando se plante cerca de hortalizas que atraigan a los pulgones; el perifollo atrae a los pulgones y ayuda a proteger a las otras plantas.

Malas compañeras:

- **Hinojo:** El hinojo atrae a los pulgones que pueden dañar el perifollo y cambiar su sabor.
- **Menta:** Atrofia el crecimiento de las plantas de perifollo.
- **Eneldo:** Atrae plagas que destruyen el perifollo.
- **Cilantro:** Requiere un suelo similar y compite por los nutrientes.

Cilantro

Nombre científico: Coriandrum sativum

El cilantro, una popular hierba de cocina, también se conoce como cilantro y es una gran compañera de muchas otras plantas.

Buenas compañeras:

- **Judías y guisantes:** Como fijan el nitrógeno en el suelo, ayudan a alimentar el cilantro. También aumentan los microbios buenos del suelo, lo que ayuda a absorber nutrientes. Los guisantes y las judías verdes también dan sombra.

- **Vegetales de hoja verde:** El cilantro atrae insectos buenos que benefician a los vegetales al alimentarse de sus plagas.
- **Flores altas:** Cualquier flor alta sirve, ya que proporciona una barrera cortavientos para el cilantro, sombra y actúa como cultivo trampa para las plagas.
- **Anís:** El cilantro ayuda a que el anís germine más rápido.
- **Albahaca y perejil:** Requieren el mismo entorno de cultivo, por lo que son más fáciles de cuidar.
- **Tomates:** Proporcione sombra, pero no los plante demasiado juntos, ya que el cilantro necesita mucho nitrógeno y los tomates no.
- **Patatas y berenjenas:** El cilantro actúa como cultivo trampa, atrayendo al escarabajo de Colorado que puede destruir tus plantas.
- **Espárragos:** El cilantro disuade al escarabajo de los espárragos y mejora su crecimiento.

Malas compañeras:
- **Eneldo:** Se atrofian mutuamente y pueden sufrir polinización cruzada.
- **Hinojo:** Atrofia el crecimiento y compiten por los nutrientes.
- **El romero, el tomillo y la lavanda:** Necesitan más sol y suelo seco, mientras que el cilantro necesita menos sol y suelo húmedo.

Eneldo

Nombre científico: Anethum graveolens

Lamentablemente, esta hierba ya no se cultiva tanto como antes, pero es una maravillosa compañera para muchas plantas. Tenga en cuenta que madura en solo 90 días, así que, si quiere un suministro constante para la cocina y compañía para sus plantas a largo plazo, tendrá que plantar algunas cada pocas semanas.

Buenas compañeras:
- **Brásicas:** Repelen el gusano barrenador y el gusano de la col y mejoran la salud de las plantas.

- **Allium:** Alejan a los pulgones del eneldo.
- **Lechuga:** El eneldo repele las plagas que atacan a la lechuga.
- **Espárragos:** El eneldo atrae a insectos beneficiosos, como crisopas y mariquitas, para proteger los espárragos.

Malas compañeras:
- **Zanahorias:** O cualquier otro miembro de la familia de las umbelíferas, como las chirivías, ya que el eneldo atrofia el crecimiento, atrae a las moscas de la zanahoria y se corre el riesgo de polinización cruzada.
- **Cilantro:** Riesgo de polinización cruzada, ya que son de la misma familia.
- **Tomates:** Aunque el eneldo atrae a las avispas parásitas que se alimentan de los gusanos del tomate, puede atrofiar el crecimiento de la planta. Puede plantar eneldo joven cerca de los tomates para mejorar el crecimiento, pero retírelo antes de que madure.

Hinojo

Nombre científico: Foeniculum vulgare

El hinojo es probablemente una de las plantas más antisociales del jardín y no es una gran compañera para muchas plantas; la mayoría de los jardineros lo plantan bien lejos de sus cultivos principales. Sin embargo, atrae a muchos insectos útiles, como polinizadores, avispas parásitas, mariquitas y moscas voladoras. Dicho esto, algunos jardineros informan de buenos resultados cuando cultivan hinojo cerca de otras plantas, así que es cuestión de probar y ver.

Buenas compañeras:
- **Eneldo:** El hinojo puede mejorar el crecimiento y la producción de semillas de eneldo, pero existe el riesgo de polinización cruzada.
- **Limones:** El hinojo mantiene alejados a babosas y caracoles.
- **Lechuga:** El hinojo disuade a muchos insectos, incluidos los que atacan a la lechuga.
- **Menta:** Tanto la menta como el hinojo son especies invasoras, por lo que compiten por el espacio. Esto provoca que ambas plantas se vean frenadas.

- **Guisantes:** El hinojo repele las plagas y mejora el crecimiento.

Malas compañeras:

La lista es demasiado larga; el hinojo tiende a atrofiar el crecimiento y es una planta increíblemente invasiva, desplazando a otras.

Toronjil

Nombre científico: Melissa officinalis

Perteneciente a la familia de la menta, la melisa es una especie invasora si se deja crecer sin control; es mejor plantarla en macetas y colocarla donde la necesite.

Buenas compañeras:

- **Melones y calabazas:** Plantar melisa en el suelo puede actuar como mantillo natural para los melones y las calabazas, atrayendo a muchos insectos beneficiosos y depredadores.
- **Remolachas:** Las remolachas ayudan al bálsamo de limón a crecer, y el bálsamo de limón atrae a depredadores beneficiosos para proteger a las remolachas.
- **Guisantes:** La melisa se beneficia del nitrógeno del suelo.
- **Brásicas y tomates:** La melisa atrae a los depredadores beneficiosos necesarios para mantener las brásicas y los tomates libres de plagas.
- **Rábanos:** La melisa protege a los rábanos de plagas como caracoles, gusanos y pulgones.
- **Zanahorias:** No compiten por el espacio y la melisa las protege de la mosca de la zanahoria y otras plagas.
- **Árboles frutales:** La melisa plantada alrededor de la base puede actuar como mantillo.
- **Lechugas:** La melisa disuade a las plagas que se ceban con las lechugas.

Malas compañeras:

- **Lavanda y romero:** Les gustan condiciones de suelo diferentes, a la melisa le gusta el suelo húmedo, y a la lavanda y el romero le gusta seco; plantarlas juntas asegura que una morirá.
- **Hinojo:** Atrofia el crecimiento de la melisa.

Mejorana

Nombre científico: Origanum majorana

La mejorana es una hierba maravillosa, ya que atrae a muchos polinizadores, lo que la convierte en una excelente compañera para muchas plantas.

Buenas compañeras:

- **Calabaza, calabacín y zapallo:** La mejorana mejora el sabor de todas ellas a la vez que disuade a las plagas.
- **Maíz:** La mejorana repele las plagas que atacan al maíz.
- **Berenjena:** La mejorana disuade a los pulgones y ácaros de destruir el fruto de la berenjena.
- **Cebolla:** La mejorana mejora el sabor.
- **Guisantes:** La mejorana aprovecha el nitrógeno del suelo y actúa como mantillo vivo; también atrae a polinizadores beneficiosos.
- **Patatas:** La mejorana ayuda a mantener a raya muchas plagas y enfermedades de las patatas.
- **Ortigas:** Si cultiva mejorana por su aceite, las ortigas mejorarán la producción, y las hojas de ortiga constituyen una excelente composta líquida.

Malas compañeras:

- **Hinojo:** El hinojo atrofia el crecimiento.
- **Tomates:** Aunque la mejorana disuade a las plagas de los tomates, requiere menos agua que estos.

Menta

Nombre científico: Mentha

La menta es una planta invasora

https://unsplash.com/photos/boadZKqd1YM?utm_source=unsplash&utm_medium=referral&utm_content=creditShareLink

Aunque es increíblemente invasora, la menta también es una hierba excelente para el jardín. Viene en diferentes variedades, incluyendo menta verde, naranja, manzana, chocolate, piña y más.

Buenas compañeras:

- **Col rizada:** La menta disuade a los pulgones, las polillas de la col y otras plagas de la col rizada.
- **Brásicas:** La menta atrae a los depredadores que se alimentan de las plagas que atacan a las brásicas.
- **Pimientos y tomates:** La menta repele muchas plagas y atrae insectos beneficiosos a las plantas.
- **Berenjenas:** Esta combinación ayuda a crear una estructura de suelo ligera con abundantes nutrientes.
- **Rosales:** La menta puede actuar como mantillo vivo, *pero hay que tener en cuenta que es invasiva*. Además, mantiene el suelo aireado y húmedo.
- **Remolachas:** La menta disuade a las plagas que atacan a las remolachas bajo el suelo.

- **Zanahorias:** La menta disuade a los pulgones y a la mosca de la zanahoria.

Malas compañeras:
- **Lavanda y romero:** La menta necesita un suelo húmedo, mientras que a la lavanda y al romero les gusta seco.

La mayoría de las plantas se llevarán bien con la menta siempre que cultive especies invasoras en macetas. De lo contrario, se amontonarán unas a otras y nada crecerá correctamente. Si planta la menta en macetas, podrá colocarla en cualquier lugar del jardín, ya que actúa como un excelente repelente de plagas.

Orégano

Nombre científico: Origanum vulgare

El orégano, una hierba muy popular, es una buena compañera para la mayoría de las hortalizas.

Buenas compañeras:
- **Perejil:** Impide que el orégano se extienda demasiado y mejora su sabor.
- **Estragón:** Repele las plagas que de otro modo atacarían al orégano y aporta los nutrientes que este necesita para prosperar.
- **Cebollino:** Potencian mutuamente su sabor. El cebollino también repele las plagas del orégano, y el orégano protege al cebollino de un exceso de sol.
- **Pepino:** Da sombra al orégano e impide que se extienda demasiado, y el orégano mantiene alejados a los escarabajos del pepino.
- **Fresas:** El orégano aleja las plagas de las fresas y las fresas cubren el suelo.
- **Coles:** El orégano mantiene alejadas a las plagas de las coles y las coles dan sombra al orégano.
- **Sandías:** Las sandías protegen al orégano del sol y le proporcionan un lugar para trepar, mientras que el orégano mantiene alejadas a las plagas y atrae a los insectos beneficiosos.
- **Pimientos:** Cada uno repele las plagas del otro y requiere las mismas condiciones de cultivo; el orégano también mejora el sabor de los pimientos.

- **Judías:** El orégano repele las plagas y favorece el crecimiento de las plantas de judías, y las judías aportan nitrógeno al orégano.
- **Espárragos:** El orégano mejora el sabor y actúa como repelente de plagas, mientras que los espárragos dan sombra al orégano, aflojan la tierra y mejoran el drenaje.
- **Tomates:** El orégano repele las plagas del tomate y es un fertilizante natural.

Malas compañeras:
- **Menta:** Ambas tienen diferentes necesidades de humedad, pero son especies invasoras.
- **Cebollino:** Compiten por los mismos nutrientes; ninguna de las dos prosperará.
- **Albahaca:** Tienen diferentes necesidades de humedad; crecerán bien juntas si se cultivan en macetas.

Perejil

Nombre científico: Petroselinum crispum

El perejil es fácil de cultivar y tiene diversas variedades, todas con sabores únicos.

Buenas compañeras:
- **Espárragos:** Cada uno mejora el crecimiento del otro, y el perejil repele las plagas, como el escarabajo de los espárragos.
- **Tomates:** El perejil atrae a las moscas voladoras que atacan a los pulgones y actúa como cultivo trampa.
- **Pimientos:** El perejil disuade a las plagas y mejora el sabor del pimiento.
- **Maíz:** El perejil repele las plagas que atacan al maíz y ataca a las avispas parásitas y otros depredadores beneficiosos.
- **Cebollino:** Protege al perejil de la mosca de la zanahoria.
- **Albahaca:** El perejil mejora su sabor y repele algunas plagas.
- **Judías:** El perejil se beneficia del nitrógeno y, a cambio, actúa como repelente de plagas.
- **Brásicas:** El perejil disuade a los gusanos de la col de atacar su cultivo.

- **Rosales:** El perejil protege a los rosales de los pulgones y de muchas otras plagas.
- **Árboles frutales:** El perejil repele la polilla de la manzana, la polilla gitana y otras plagas que atacan a los árboles frutales.

Malas compañeras:
- **Menta:** Demasiado invasiva y desplazará al perejil a menos que se plante en macetas, además de afectar al sabor del perejil.
- **Zanahorias:** Ambas quieren los mismos nutrientes del suelo, y ambas atraen las mismas plagas.
- **Lechugas:** El perejil acelera la floración.
- **Allium:** Pueden atrofiar el crecimiento del perejil y afectar a su sabor.

Romero

Nombre científico: Rosmarinus officinalis

El romero es una hierba muy popular y relativamente fácil de cultivar. Sin embargo, si se planta en el suelo, necesita podas regulares para evitar que crezca demasiado ramificado.

Buenas compañeras:
- **Brásicas:** El romero enmascara el olor de las brásicas, ayudando a confundir y disuadir a las plagas.
- **Judías:** Aportan nitrógeno al suelo para el romero y proporcionan sombra. A cambio, el romero disuade al escarabajo mexicano de la judía y mejora la salud de la planta.
- **Zanahorias:** El romero aleja las plagas de las zanahorias y ayuda a mejorar su crecimiento y sabor. A cambio, las zanahorias alimentan el suelo y mejoran su estructura, lo que favorece el crecimiento sano del romero.
- **Caléndulas:** Alejan las plagas del romero.
- **Fresas:** El romero mantiene a las plagas alejadas de las fresas, y ambas mejoran mutuamente su crecimiento. El romero también mejora el sabor de la fruta.
- **Pimientos:** El romero mantiene alejadas las plagas y actúa como cubierta vegetal, manteniendo la tierra húmeda y las malas hierbas a raya.

- **Cebollas:** Ambos repelen las plagas y el romero mejora el sabor de las cebollas.
- **Chirivías:** El romero mantiene a raya a las moscas de la zanahoria.

Malas compañeras:
- **Albahaca:** Necesita más agua que el romero.
- **Menta:** Ambas son invasoras y, a menos que se planten en macetas, ninguna prosperará.
- **Tomates:** Necesitan más agua que el romero, y este puede inhibir el crecimiento de los tomates.
- **Calabazas:** Ambas son propensas al moho.
- **Pepinos:** Necesitan más agua que el romero y más nitrógeno, que el romero no tolera.

Salvia

Nombre científico: Salvia officinalis

La salvia atrae a los polinizadores

https://unsplash.com/photos/3tGxWVuSRBk?utm_source=unsplash&utm_medium=referral&utm_content=creditShareLink

La salvia no se cultiva tanto hoy en día, pero es una hierba maravillosa para atraer a los polinizadores y es fácil de cultivar.

Buenas compañeras:
- **Brásicas:** La salvia es un repelente de plagas y ayuda a proteger las brásicas de los gusanos de la col, la polilla de la col, etc.

- **Zanahorias:** La salvia disuade a la mosca de la zanahoria.
- **Fresas:** La salvia mantiene alejadas las plagas y mejora el sabor de las fresas.
- **Tomates:** La salvia aleja las plagas y atrae a los insectos beneficiosos.

Malas compañeras:
- **Allium:** Necesitan más humedad que la salvia.
- **Pepinos:** La salvia frena su crecimiento y amarga el sabor de los pepinos.
- **Ruda:** Inhibe el crecimiento de la salvia.

Estragón

Nombre científico: Artemisia dracunculus

El estragón no se ve mucho en los jardines hoy en día, pero es un excelente acompañante para las hortalizas. Cuando compre semillas, asegúrese de que no sean de la variedad Tagetes lucida; esta es un sustituto del estragón y no es tan fuerte.

Buenas compañeras:
- **Cebollinos:** Disuaden las plagas del estragón, y a ambos les gustan las mismas condiciones de sol y humedad.
- **Berenjena:** Les gustan los mismos niveles de humedad, y el estragón mejora el sabor de la fruta.
- **Cilantro:** A ambas les gustan las mismas condiciones de cultivo, y el cilantro mantiene a los ácaros alejados del estragón.
- **Ajo:** Protege al estragón contra la araña roja, y el estragón mejora el crecimiento del ajo.

Malas compañeras:
- **Salvia, Orégano, Romero, Lavanda:** Todas ellas prefieren suelos más secos y no prosperarán si plantas con ellas el estragón, amante de la humedad.

Tomillo

Nombre científico: Thymus vulgaris

El tomillo es muy fácil de cultivar y se presenta en diversas variedades. Es un imán para los polinizadores.

Buenas compañeras:

- **Brásicas:** El tomillo repele a los gusanos de la col, los escarabajos, las babosas y los bucles de la col. También atrae a depredadores beneficiosos, como las mariquitas.
- **Tomates:** El tomillo repele a los gusanos del tomate y mejora su crecimiento.
- **Patatas:** El tomillo atrae a los depredadores beneficiosos que mantienen a raya las plagas de la patata y mejora su sabor.
- **Berenjenas:** El tomillo repele los gusanos, los pulgones, los escarabajos, los ácaros y las polillas.
- **Fresas:** El tomillo repele las plagas y atrae a los polinizadores beneficiosos.

Malas compañeras:

- **La mayoría de las hierbas:** Necesitan diferentes condiciones de suelo y humedad.

En cuanto a las plantas compañeras, pasaremos a las flores a continuación antes de dar un vistazo a cómo plantar como repelente de plagas.

Capítulo 6: Plantación asociada con flores

Ahora ya sabe que la siembra asociada es una de las mejores formas naturales de proteger sus plantas de plagas y enfermedades, entre otras ventajas. Hemos visto las hortalizas y las hierbas aromáticas, pero ¿qué hay de las humildes flores?

Las flores son excelentes para añadir a un huerto. Proporcionan un maravilloso toque de color y atraen a los mejores insectos beneficiosos y depredadores para proteger sus plantas. Sin embargo, hay algunas cosas que debe tener en cuenta cuando utilice flores como plantas de compañía.

- **Época de floración:** Si quiere que los polinizadores entren en su huerto, debe asegurarse de que las flores florezcan cuando lo hagan sus hortalizas en flor; de lo contrario, las flores de las hortalizas no serán polinizadas.
- **Condiciones de cultivo:** Las flores deben cultivarse con hortalizas a las que les gusten las mismas condiciones de cultivo, es decir, tipo de suelo, agua y luz. Tampoco se deben cultivar flores altas que hagan sombra a las hortalizas durante todo el día.

Categorías de flores

Existen tres categorías de flores, cada una con sus propias características definitorias:

1. Anuales
2. Bienales
3. Perennes

Veámoslas con más detalle para que sepa qué plantar y cuándo:

Anuales:

Las plantas anuales tardan un año en completar su ciclo vital; esto significa que crecen a partir de semillas, florecen y producen semillas en una sola temporada de cultivo. También puede adquirir plantas anuales resistentes, que se plantan en otoño y brotan en primavera.

Bienales:

Bi significa dos, lo que da una pista sobre el hecho de que este tipo de plantas y flores completan un ciclo vital cada dos años. El primer año es puramente estético, y el segundo es cuando se producen las semillas.

Perennes:

Las plantas perennes son más resistentes que las otras y mueren tras la temporada de crecimiento, listas para rebrotar al año siguiente. Son buenas para atraer insectos beneficiosos y depredadores.

Lo que cultive dependerá de su zona, de las verduras que elija y de las flores que más le gusten. No olvide que la mayoría de las hierbas también florecen, por lo que obtendrá lo mejor de ambos mundos. Sin embargo, este capítulo se centrará solo en las flores reales, así que veamos algunas de las mejores para la siembra asociada.

Caléndula

También llamadas caléndulas de maceta, son diferentes de otras caléndulas. Las caléndulas son fáciles de cultivar y florecen durante toda la temporada, siempre que las decapites. También puede recoger las semillas, secarlas y utilizarlas al año siguiente.

Las caléndulas son un repelente de plagas que disuade a los escarabajos de los espárragos y a los gusanos del tomate. También son un excelente cultivo trampa, ya que atraen a los pulgones lejos de otras plantas.

Manzanilla

La manzanilla es brillante y atractiva, y atrae a las abejas y otros insectos beneficiosos (incluidos los depredadores que librarán a su jardín de las desagradables plagas). Y, por supuesto, es una infusión deliciosa. También puede utilizar té de manzanilla frío como un aerosol en sus plantas de semillero para prevenir una enfermedad fúngica llamada "mal del talluelo".

La manzanilla puede plantarse de nuevo en la tierra al final de la temporada de crecimiento para alimentarla con potasio, magnesio y calcio. También puede podarla con regularidad y esparcir los recortes en la base de cualquier planta para que actúen como mantillo y aporten nutrientes a la tierra. La manzanilla también ayuda a repeler mosquitos.

Consuelda

Las hojas marchitas de la consuelda pueden utilizarse para alimentar otras plantas

Considerada por muchos como una mala hierba, la consuelda es en realidad una planta muy útil. Tiene un sistema radicular muy largo. Es frágil y, si deja un trocito en el suelo, volverá a crecer. Plántela en macetas si no quiere que invada su jardín. Las flores de la consuelda atraen a las abejas, y las hojas pueden utilizarse para hacer té de composta o como mantillo. También puede colocar hojas marchitas en el fondo de una zanja para patatas para alimentar las plantas de patata con fósforo, nitrógeno y potasio.

Cosmos

El cosmos, una planta anual fácil de cultivar, produce un excelente y colorido espectáculo. Las variedades blanca y naranja atraen a los polinizadores y a las crisopas verdes, uno de los mejores depredadores que se alimentan de pulgones, trips y otros insectos de cuerpo blando que destruyen las hortalizas.

Caléndulas

Las caléndulas, habituales en los huertos de todo el mundo, son excelentes para atraer insectos beneficiosos. Crecen prácticamente en cualquier sitio y existen varias variedades. La más útil es la caléndula francesa, que ayuda a disuadir a los nematodos del suelo produciendo una sustancia química a partir de sus raíces. Sin embargo, esta sustancia química puede tardar un par de años en acumularse lo suficiente, así que tenga paciencia. Cuando acabe la temporada, pode la planta, pero deje las raíces intactas. Entierre el follaje en el suelo y se descompondrá.

Por esta cualidad, son buenas compañeras de la mayoría de verduras y frutas. También disuaden a los conejos si las plantas alrededor de su jardín. Plantarlas con judías ayuda a repeler el escarabajo mexicano de la judía, y también pueden repeler la chinche de la calabaza, el gusano del tomate, la mosca blanca y los trips, es una excelente planta de compañía en general.

Capuchinas

Las flores de colores brillantes de la capuchina atraen a pulgones y moscas negras, tentándoles a alejarse de las valiosas hortalizas que de otro modo destruirían. Una vez infestadas, basta con retirar los tallos de capuchina y destruirlas. Repelen muchos tipos de escarabajos y chinches. Además, las hojas y las flores son comestibles.

Rosas

Los rosales no se consideran buenas plantas asociadas
https://unsplash.com/photos/dv7cSiHurKM

Los rosales no son buenas plantas de compañía porque tienden a atraer muchas plagas. Sin embargo, cuando se plantan lejos de hortalizas y frutas, son un buen cultivo trampa. Son especialmente buenas para atraer a los pulgones lejos de las uvas. Puede proteger las rosas de algunas plagas plantando cerca ajos y cebollinos; estos últimos también florecerán y atraerán a los polinizadores.

Guisantes de olor

Otro cultivo colorido, hay muchas variedades de guisantes de olor entre las que elegir. Funcionan bien con las judías pintas para atraer a los polinizadores.

Para terminar, veamos brevemente las plantaciones asociadas para el control de plagas.

Capítulo 7: Plantas acompañantes para el control de plagas

Como ha descubierto en los últimos capítulos, algunas plantas son excelentes para disuadir a las plagas, ya que utilizan aromas fuertes para enmascarar los olores de otras plantas o para atraer insectos beneficiosos, polinizadores y depredadores que se alimentan de las plagas.

Las plagas son sin duda uno de los mayores problemas a los que se enfrentan los jardineros, y aunque los productos químicos pueden mantenerlas a raya, causan daños graves, a veces irreversibles, al ecosistema de su jardín. Lo biológico es el camino a seguir, y la siembra asociada es la mejor manera.

Las plagas son uno de los mayores problemas a los que se enfrentan los jardineros
https://unsplash.com/photos/8oT2MA33jsk?utm_source=unsplash&utm_medium=referral&utm_content=creditShareLink

Cada planta actúa de forma diferente y, aunque las plantas asociadas pueden ayudar a combatir las plagas, algunas necesitan tiempo para alcanzar niveles de protección suficientes. Por ejemplo, las caléndulas necesitan un par de años para acumular en el suelo niveles químicos naturales que disuadan a los nematodos.

También hay que tener en cuenta que las plantaciones asociadas no son una solución completa cuando se produce una plaga. Por ejemplo, las cebollas y las coles. Si planta primero las cebollas, protegerá las coles de la temida polilla. Es aconsejable plantar las cebollas en último lugar. Sin embargo, si la polilla de la col ya ha atacado, las cebollas no servirán de mucho.

Algunos años son peores que otros en cuanto a plagas. Las poblaciones de insectos fluctúan como las mareas y algunos años no tendrá muchos problemas, mientras que otros se preguntará por qué se ha molestado en plantar un huerto. También depende de lo que crezca cerca. Si su vecino tiene un jardín lleno de plantas que atraen plagas, es probable que usted también tenga muchas de ellas en su jardín. Por otro lado, si tiene un jardín lleno de plantas que atraen insectos buenos, usted también se beneficiará.

Es importante tener en cuenta que la siembra asociada no es una solución completa. Aunque disuadirá a muchas plagas, debe vigilar de cerca sus plantas y tomar medidas en caso de que se produzcan infestaciones. Eso significa utilizar controles orgánicos de plagas cuando sea necesario o recoger a mano los insectos de las plantas.

Insectos beneficiosos

Algunas plantas disuaden a las plagas, pero otras atraen a los insectos beneficiosos que se alimentan de ellas. Proporcione a esos insectos un buen entorno y un hogar en el que desarrollarse, y podrá observar un aumento de su población por encima de la de las plagas. El siguiente cuadro muestra los mejores insectos para atraer y sus beneficios:

INSECTOS	BENEFICIOS
Avispas parásitas	Se alimentan de pulgones, larvas y orugas
Larvas de crisopa	Se alimentan de pulgones

Escarabajos de tierra	Se alimentan de muchas plagas del suelo
Moscas volantes	Se alimentan de orugas, chicharritas y muchos otros insectos
Larvas de mariquita	Se alimentan de pulgones
Moscas ladronas	Se alimentan de orugas, chicharritas y muchos otros insectos
Polinizadores	Para polinizar sus plantas y obtener una buena cosecha

Un aspecto clave de la siembra asociada para controlar las plagas es la diversidad. No plante cebollas y ajos por todas partes con la esperanza de que mantengan alejados a todos los bichos. Necesita una buena variedad de plantas que atraigan a los insectos adecuados y controlen a los malos para que funcionen con eficacia.

Las plantas también deben atraer a estos insectos beneficiosos durante todo el periodo vegetativo, no solo una parte de él. Si sus flores florecen en junio, pero desaparecen un mes después, no protegerán a sus plantas durante el resto de la temporada. La sucesión de plantas funciona hasta cierto punto, pero la verdadera clave es la diversidad. Este es uno de los mayores errores que cometen los jardineros, así que asegúrese de que sus plantas acompañantes florecen y atraen a estos insectos durante toda la temporada para proporcionar una protección total a sus hortalizas y frutas. De lo contrario, los insectos buenos se irán a buscar comida a otra parte.

Es importante recordar que los insectos beneficiosos no se alimentan todo el tiempo, aunque haya comida en abundancia. A veces, durante su ciclo vital, no se alimentan, pero necesitan un lugar donde vivir y sobrevivir. Proporcionar a estos insectos todo lo que necesitan a lo largo de su vida les atraerá a vivir en su jardín y a trabajar para usted, protegiendo sus plantas durante más tiempo. Los troncos caídos y los setos son buenas opciones, o puede instalar hoteles para insectos donde puedan pasar el invierno sin peligro. Esto también proporciona una cubierta vegetal que retiene el calor y facilita el crecimiento de las flores tempranas (además de proporcionar alimento y nutrientes).

Si desea un seto sostenible, considere la posibilidad de cultivar uno de los arbustos frutales o árboles frutales enanos/para patio.

¿Qué necesitan los insectos beneficiosos?

Para que estos insectos beneficiosos sigan llegando, hay ciertos tipos de plantas que necesita cultivar en su jardín:

- **Cubierta vegetal:** Las plantas que se extienden por el suelo, como el tomillo, el orégano, el romero y la salvia, proporcionan cobertura a todo tipo de insectos, especialmente a los escarabajos de tierra. Si pueden esconderse de sus depredadores, podrán seguir trabajando para usted y su jardín.
- **Sombra:** Muchos insectos necesitan zonas de sombra protegidas para poner sus huevos.
- **Flores pequeñas:** Muchos polinizadores y depredadores beneficiosos prefieren las flores pequeñas, como las de muchas hierbas. Por ejemplo, las avispas parásitas son diminutas y prefieren el trébol, el hinojo, el cilantro, el eneldo, el tomillo, etc., porque sus flores son diminutas.
- **Flores compuestas:** Otros insectos prefieren flores más grandes, como las caléndulas, las margaritas y la manzanilla, incluidas las moscas planeadoras y las avispas depredadoras. Las plantas de menta también son buenas para ellos.

Ahuyentar plagas

Las hierbas se cuentan entre las mejores plantas de compañía. No solo puede utilizarlas en su cocina, sino que también disuaden a muchas plagas. Además, estas hierbas tienen un aspecto y un aroma fantásticos en el jardín, y colaboran con el medio ambiente y entre sí para crear un muro de protección. Experimente y pruebe cosas nuevas para ver qué funciona en su jardín y qué no.

Plagas comunes y plantas asociadas

Aquí tienes un cuadro que muestra las plagas comunes del jardín y las plantas que ayudan a repelerlas:

PLAGAS	PLANTAS DISUASORIAS
Hormigas	Menta Menta gatuna Ajenjo Tanaceto
Pulgones	Cebollino Menta gatuna Cilantro Eucalipto Crisantemo Hinojo Caléndula Ajo Mostaza Menta Orégano Cebolla Capuchina Matricaria
Escarabajo de los espárragos	Caléndula Albahaca Perejil Tomate Tanaceto Capuchina
Escarabajo de la judía	Capuchina Ajedrea de verano Romero Caléndula

PLAGAS	PLANTAS DISUASORIAS
Escarabajo negro de la pulga	Salvia
Escarabajo de la col	Eucalipto Hisopo Eneldo Ajo Menta piperita o hierbabuena Cebolla Capuchinas Tomillo Salvia Ajenjo
Larva de la col	Rábanos Caléndula Ajo Ajenjo Salvia
Polilla de la col	Menta Salvia Romero Hisopo Tanaceto Ajedrea de verano Tomillo Orégano
Gusano de la col	Tomate Tomillo Apio

PLAGAS	PLANTAS DISUASORIAS
Mosca de la zanahoria	Alliums Romero Lechuga Ajenjo Salvia
Escarabajo de la patata	Cilantro Caléndula Cebollas Capuchinas Hierba gatera Eucalipto Tanaceto
Gusano del maíz	Geranio Cosmos Caléndula
Escarabajo del pepino	Caléndula Rábanos Hierba gatera Capuchina Tanaceto
Escarabajo pulga	Ajo Ruda Ajenjo Tanaceto Salvia Menta Ajo Hierba gatera - remojar las hojas en agua y pulverizar

PLAGAS	PLANTAS DISUASORIAS
Moscas	Tanaceto Ruda Albahaca
Escarabajo japonés	Cebollino Hortensia Tanaceto Ruda Pensamiento Ajo Hierba gatera
Saltamontes	Geranio Crisantemo Petunias
Escarabajo mexicano de la judía	Petunias Ajedrea de verano Romero Caléndula
Ratones	Ajenjo Tanaceto
Mosquitos	Ajo Romero Geranio Albahaca
Polillas	Romero Lavanda Ajenjo

PLAGAS	PLANTAS DISUASORIAS
Barrenador del melocotón	Ajo
Nematodos	Caléndula Tagetes - se necesita alrededor de 1 año para que los niveles químicos en el suelo se acumulen
Mosca de la cebolla	Ajo
Caracoles y babosas	Ajo Hinojo Salvia Romero
Araña roja	Cilantro
Chinches de la calabaza	Menta Hierba gatera Capuchinas Rábanos Petunias Tanaceto
Barrenador de la calabaza	Rábanos
Escarabajo de la calabaza	Capuchinas
Garrapatas	Lavanda Ajo

PLAGAS	PLANTAS DISUASORIAS
Gusanos del tomate	Caléndula Borraja Tagetes Eneldo Petunias
Polilla blanca de la col	Menta
Mosca blanca	Caléndula Albahaca Tomillo Menta Orégano

Cuando plante para controlar las plagas, asegúrese de elegir plantas que protejan durante todo el periodo vegetativo. No obstante, tendrá que vigilar sus plantas, ya que no existe una solución única.

Para terminar la segunda parte, veremos si debe utilizar semillas o plantas de iniciación.

Capítulo 8: Semillas frente a iniciadores

¿Quiere empezar con semillas o con semilleros de su vivero local? Se trata de una decisión importante, que debe basarse en varios factores. En la mayoría de los casos, utilizará una mezcla de ambos. Algunos de los aspectos que debe tener en cuenta son:

- Tiempo de maduración
- El tamaño
- Trasplantabilidad

Examinemos estas características con más detalle.

Tiempo de maduración

Cada planta tarda un tiempo diferente en alcanzar la madurez. Por ejemplo, los tomates y los pimientos se cultivan mejor a partir de plántulas que de semillas, ya que pueden tardar mucho tiempo en dar fruto. Si su temporada de cultivo es corta, no le dará ninguna alegría cultivarlos a partir de semillas, a menos que los empiece a cultivar en interior a principios de año.

En cambio, las espinacas y las lechugas no tardan mucho en madurar. A menudo se pueden cosechar a los 30 días de plantar las semillas.

Las espinacas pueden cosecharse a los 30 días de plantar las semillas
https://unsplash.com/photos/4VMqrwYfmDw?utm_source=unsplash&utm_medium=referral&utm_content=creditShareLink

Conocer el tiempo que tarda una planta en madurar es clave para saber si plantar semillas o no. Normalmente, las plantas de crecimiento más rápido pueden plantarse a partir de semillas, mientras que las de crecimiento más lento es mejor plantarlas en un vivero.

Consulte las instrucciones del envase para saber cuánto tardan en crecer y si es necesario sembrarlas en el interior. Si las semillas tardan demasiado en crecer, a menudo es mejor comprar plantones.

Consejo

Antes de decidir, compruebe el tiempo de maduración. Si es superior a 65 días, puede comprar plantones, mientras que, si es inferior, puede cultivar a partir de semillas. Sin embargo, como verá enseguida, hay excepciones a esta regla.

Tamaño de la planta

El tamaño de la planta también es un indicador. Normalmente, cuanto más grande sea la planta, más tardará en madurar y más tardará en poder cosecharse. Es mejor plantarlas como plantones.

En cambio, las plantas más pequeñas tardan menos en madurar y pueden cultivarse a partir de semillas. Algunas de ellas, como los rábanos y las espinacas, pueden sembrarse directamente en el suelo, mientras que otras es mejor cultivarlas en macetas y trasplantarlas cuando crezcan lo suficiente.

Trasplantabilidad

A algunas plantas no les gusta ser trasladadas una vez que han crecido a partir de la semilla, ya que sus raíces son algo frágiles. Por ejemplo, es poco probable que legumbres como las judías y los guisantes prosperen si intenta trasplantarlas. Aunque tardan de dos a tres meses en madurar, lo mejor es sembrarlas directamente en el suelo o pregerminarlas, es decir, colocarlas sobre un trozo de papel de cocina, cubrirlas con otro y meterlo todo en una bolsa de plástico. Rocíelas con agua para mantenerlas húmedas y, una vez germinadas, puede ponerlas en el suelo.

Otras plantas que tardan en crecer, pero odian que las muevan son los calabacines, las calabazas y los pepinos.

Algunas plantas pequeñas y de crecimiento rápido tampoco soportan bien el traslado. Entre ellas están la lechuga, la rúcula y otras plantas de hoja verde. Debería sembrarlas directamente en el suelo o comprar plantones en el vivero.

Por último, a las hortalizas de raíz tampoco les gusta que las muevan: Remolachas, zanahorias, patatas, etc. No solo sus raíces son sensibles, sino que también se alimentan de los nutrientes de la tierra, y moverlas lo impedirá.

Plantas para comprar en el vivero

Si es nuevo en la jardinería o simplemente no tiene tiempo o interés en cultivar desde la semilla, hay algunas plantas que debería comprar en un vivero para empezar rápidamente su temporada de cultivo.

Cebollino

El ajo, el cebollino y la cebolla vuelven cada año, independientemente del clima, y se pueden dividir, más plantas por su dinero. Sin embargo, el cebollino normal es un poco difícil de cultivar a partir de semillas, pero es uno de los mejores repelentes que puede tener.

Brásicas grandes

La coliflor, el repollo, las coles de Bruselas, la mostaza, la col rizada y la berza son plantas grandes que tardan mucho en madurar. Merece la pena comprarlas en un vivero para adelantarse a la temporada. Sin embargo, si tiene tiempo y espacio, pruebe a cultivarlas a partir de semillas (tendrá que empezar a cultivarlas en interior a principios de año). Puede que descubra que saben mejor y que son plantas más sanas.

Solanáceas

Las berenjenas, los pimientos y los tomates son difíciles de cultivar a partir de semillas sin una temporada de crecimiento larga y cálida. Los tres necesitan mucho tiempo para crecer a partir de semillas, así que asegúrese de comprarlas y sembrarlas al principio de la temporada.

Hierbas perennes

El tomillo, el romero, el orégano, el estragón y la salvia tardan un tiempo en crecer desde la semilla, y muchos viveros suelen tomar esquejes de una planta sana para cultivar otras nuevas; usted también puede hacerlo una vez que sus hierbas estén completamente desarrolladas. Siempre que las plantas del vivero estén sanas, no hay nada malo en llevárselas a casa y plantarlas. También puede comprar algunas plantas aromáticas en las tiendas de comestibles.

Acelgas

Las acelgas son bienales y duran dos años. Las plantas jóvenes suelen encontrarse fácilmente en los viveros, y puede disfrutar de ellas durante un par de años.

Comprar semillas o plantas

Semillas

Comprar semillas le permite controlar el entorno de cultivo
Photo by Zoe Schaeffer on Unsplash https://unsplash.com/photos/silver-glittered-heart-on-persons-hand-XuJreNkw2BM

Comprar semillas tiene una ventaja, un paquete pequeño y barato suele contener muchas semillas. Además, si cultiva a partir de semillas, puede controlar el entorno de cultivo y sabe que sus plantas crecen en suelos orgánicos y ricos en nutrientes, algo que no ocurre con las plantas de vivero. Sin embargo, asegúrese de comprar semillas de empresas que den prioridad a las semillas ecológicas y no modificadas genéticamente.

Plantas

Las plantas son más caras, pero habrá ocasiones en que sea mejor que comprar semillas. Asegúrese de comprarlas en viveros locales o a cultivadores ecológicos, en lugar de en las grandes superficies. Las plantas de las tiendas suelen haber recorrido un largo camino hasta llegar a la tienda y es probable que las hayan rociado con productos químicos para mantenerlas frescas durante más tiempo. También es probable que las hayan alimentado con fertilizantes químicos. Si intenta alimentarlas con algo diferente, no les gustará y no crecerán adecuadamente. A las plantas les gusta que las traten exactamente igual durante todo su ciclo de crecimiento; si intenta cambiar algo, se enfadarán y podrían morir.

Consejos para comprar plantas sanas

Cuando necesite comprar plantas, hay un par de cosas que debe hacer para asegurarse de obtener una planta fuerte y sana:

- Elija plantas que no hayan empezado a florecer. Compre plantas más pequeñas. Estas pueden dedicar su tiempo a cultivar su sistema radicular cuando las plantes, en lugar de flores y frutos. Si no puede evitar comprar plantas en flor, corte las flores cuando las trasplante.
- Saque la planta y la tierra de la maceta y fíjese en las raíces. Si se enrosca en espiral alrededor de la planta, le indica que lleva mucho tiempo en la maceta y que está enraizada. A las plantas así les costará establecerse en el jardín. Asegúrese de que las raíces estén sanas y blancas.
- Busque enfermedades y plagas en las hojas, prestando especial atención al envés y al tallo.
- No compre plantas que se hayan vuelto larguiruchas, altas y estrechas. No han recibido suficiente luz o se han cultivado en condiciones de hacinamiento, lo que significa que ya están estresadas y es poco probable que prosperen.

- Compre plantas certificadas como ecológicas. Si no puede, busque etiquetas que digan que son de cultivo natural. Muchos pequeños cultivadores ecológicos no tienen dinero para obtener la homologación, pero no utilizan productos químicos en sus plantas.
- Acuda a los viveros locales. Puede hacerles preguntas sobre sus plantas y es más probable que encuentre plantas ecológicas. No solo eso, sino que apoya a un negocio local en lugar de a una gran tienda. Estos viveros también tendrán plantas cultivadas en su localidad, lo que significa que sabrá que se adaptarán bien a su clima.

Pasemos al verdadero trabajo: Cultivar y cuidar sus plantas.

TERCERA SECCIÓN: PLANTACIÓN, CUIDADO Y MANTENIMIENTO

Capítulo 9: Empezar por el suelo

Las plantas sanas necesitan un suelo sano; así de sencillo. Si su suelo está sano, no necesitará utilizar tanto fertilizante. En cambio, el suelo está lleno de materiales orgánicos ricos, como recortes de césped en descomposición, hojas y composta. Debe retener la humedad, pero tener un buen drenaje, estar suelto y lleno del aire que las plantas necesitan para sus raíces, y estar lleno de minerales para ayudarlas a crecer. Estará poblado de organismos vivos que ayuden a mantener su calidad.

Un suelo sano le ayudará a cultivar plantas sanas
https://unsplash.com/photos/fjj7lVpCxRE?utm_source=unsplash&utm_medium=referral&utm_content=creditShareLink

Si sus plantas están contentas, fíjese primero en el suelo. Antes de profundizar (perdón por el juego de palabras) en la salud del suelo, aquí tiene una solución rápida para mejorar su suelo.

Solución rápida

Como principiante, la salud del suelo puede resultar abrumadora. Esta solución rápida puede ayudarle con su suelo antes de poner las plantas:

1. **Elimine los residuos:** Retire las rocas, piedras y otros residuos. Si necesita retirar hierba, utilice primero una pala afilada para cortarla en trozos más pequeños y fáciles de manejar.
2. **Afloje la tierra:** Si su jardín no ha sido cavado antes, utilice una buena pala y un tenedor para aflojar la tierra. Necesita entre 20 y 30 cm de profundidad para que las raíces tengan espacio para crecer.
3. **Añada materia orgánica:** Añada estiércol envejecido y composta para aportar nutrientes a la tierra y mejorar el drenaje. Esto creará bolsas en el suelo por las que podrá entrar oxígeno y mezclarse. Necesita 2-4 pulgadas, ni más ni menos, esparcidas por el suelo y excavadas. Si su jardín ya está bien excavado, simplemente ponga una capa de abono encima y déjelo; las lombrices lo excavarán por usted.

Cavar más hondo

¿Sabe si su suelo es arenoso o arcilloso? ¿Es alcalino o ácido? ¿Rico en nutrientes o pobre? Eso es lo que necesita saber para tener éxito como jardinero. Es la única forma de saber si necesita hacer cambios para que las cosas crezcan mejor, y vamos a examinar los tres aspectos con más detalle.

Tipo de suelo

Hay tres tipos básicos de suelo: Arenoso, arcilloso y limoso.

Lo que se busca es una mezcla equilibrada de los tres. Esto proporciona una buena retención de agua y drenaje con espacio suficiente para que el oxígeno se mezcle. También es lo bastante ligera para que sea más fácil moverla y manipularla. Pero, ¿cómo saber si el suelo es arcilloso?

No debe estar pegajosa, ni siquiera después de llover. Debe estar húmeda, desmenuzarse con facilidad y no formar costras cuando se seca. Por el contrario, la tierra arcillosa es pegajosa, conserva la forma cuando se aplasta y no drena bien. Se agrieta, se solidifica en verano y se encharca en otoño e invierno. La tierra arenosa es granulosa, suelta y no mantiene su forma. Drene con demasiada rapidez, pierda nutrientes y necesite enmiendas con estiércol y composta.

Análisis del suelo

Puede optar por un análisis oficial del suelo, que puede no ser barato. También puede utilizar una sencilla prueba de bricolaje:

1. Tome varios tarros de cristal
2. Elija varios plantones de su jardín y excave unos 15 cm, el nivel de las raíces de muchas plantas.
3. Tome una muestra de la tierra y llene cada tarro hasta la mitad, etiquetando los tarros con cada zona del huerto.
4. Llene cada tarro con agua y déjelo a un lado. Una vez que el agua se haya absorbido, active la vida y agite cada tarro durante 2-4 minutos.
5. Deje que el contenido se asiente y mida la capa de sedimento que se encuentra en el fondo del tarro. Este es el contenido de arena.
6. Vuelva a hacer lo mismo después de dejar reposar la mezcla durante 4 minutos. Tome esta medida y réstele la anterior. Este es el contenido de limo.
7. Deje reposar el tarro durante un día entero y repita el proceso restando la segunda medida (no la segunda menos la primera). Este es el contenido de arcilla.
8. Sume las tres medidas, divídalas por el total y multiplique por 100 para obtener los porcentajes.

Lo ideal es un 40% de arena y limo y un 20% de arcilla.

Si los porcentajes no son correctos, puede añadir productos orgánicos ricos en nitrógeno para reducir el contenido de arena.

Si su suelo es demasiado limoso, añada gravilla gruesa o gravilla pequeña y un poco de composta o estiércol envejecido con paja adicional.

Añada gravilla gruesa, musgo de turba y composta si su suelo tiene demasiada arcilla.

Nutrición del suelo

Los análisis del suelo también pueden indicar la fertilidad de la tierra. Un suelo poco fértil dará lugar a un jardín pobre. La tierra debe contener potasio, fósforo y nitrógeno para favorecer el crecimiento de las plantas. Al comprar abono, las letras N, P y K del envase indican estos tres nutrientes.

- **Nitrógeno (N):** Aporta el verde a sus plantas. Las hojas y los tallos se beneficiarán cuando tengan nitrógeno. El estiércol viejo suele ser denso en nitrógeno, junto con productos orgánicos ricos en calcio, vida marina y sangre.
- **Fósforo (P):** El catalizador. Es ideal para las primeras etapas del crecimiento de las plantas y garantiza unas raíces fuertes, lo que beneficiará a las flores y los frutos. Se puede encontrar tanto de liberación rápida como lenta.
- **Potasio (K):** El defensor. Protegerá todas las partes de la planta, añadiendo resistencia y potenciando el sabor de verduras y frutas.

Aunque las plantas necesitan estos tres nutrientes, su exceso puede ser tan perjudicial como su escasez. Asegúrese de investigar cuánto necesita su planta y añada solo eso.

pH del suelo

Si el pH del suelo no es el adecuado, los nutrientes no llegarán a las plantas. Si es demasiado bajo o demasiado alto, el suelo puede ser deficiente en nutrientes o tóxico, lo que no conviene a las plantas.

Intente mantener el pH del suelo entre 6 y 7. Sin embargo, algunas plantas pueden soportar distintos niveles de pH, mientras que otras necesitan un nivel específico.

Hay plantas que prosperan en suelos ácidos, como los arbustos de arándanos, pero suelen ser la excepción a la regla. Si su suelo es demasiado ácido, la cal de jardín lo arreglará. Si es demasiado alcalino, añada azufre.

Tenga en cuenta que no es una solución rápida. Las enmiendas pueden tardar más de un año en surtir efecto, pero solo es necesario cambiar el pH del suelo si la planta no crece en él.

Enmiendas comunes del suelo

- **Material vegetal:** La mayoría de los materiales orgánicos cortados, como hierba, hojas y todos los materiales blandos (no ramas, raíces pesadas, etc.). Necesitan tiempo para descomponerse y pueden compostarse ecológicamente en otoño para plantar en primavera.
- **Composta:** Materiales vegetales en descomposición y restos orgánicos. Añádalo a la tierra unas semanas antes de plantar para

equilibrarla.
- **Moho de hoja:** Las hojas en descomposición contienen muchos nutrientes.
- **Estiércol envejecido:** A medida que envejece, desarrolla más nutrientes y pierde gran parte de su acidez. Puede oler mal al almacenarlo, pero si lo añade demasiado pronto, corre el riesgo de añadir enfermedades a su suelo.
- **Fibra de coco:** Acondiciona el suelo y le ayuda a retener la humedad. Es más sostenible que el musgo de turba.
- **Astillas de madera, corteza y serrín:** Compóstelos antes de añadirlos; de lo contrario, robarán el nitrógeno y matarán de hambre a las plantas.
- **Abono verde:** Comúnmente llamados cultivo de cobertura, mejoran el suelo. Siémbrelos en otoño y córtelos y trabájelos en primavera. Aportan nutrientes y estructura al suelo.
- **Cal de jardín:** Aumenta el pH
- **Azufre:** Reduce el pH
- **Ceniza de madera:** Aumenta el pH

Los 3 últimos solo deben utilizarse si lo recomienda un análisis del suelo.

Añadir materia orgánica

Si añade materia orgánica en otoño, tendrá tiempo de descomponerla antes del periodo de crecimiento de primavera. No caiga en la tentación de añadirlo todo a la vez. El material necesita empezar a descomponerse antes de que añada más, y necesita espacio para hacerlo. Tómese su tiempo y la composta estará repleto de nutrientes.

Si no lo ha hecho en otoño, asegúrese de hacerlo lo antes posible en primavera:

1. Esparza al menos una capa de 2 pulgadas de materia orgánica en su jardín; no más de 4 pulgadas. Un tenedor de jardín le ayudará a airear la tierra mientras la mezcla. Mezcle la materia orgánica con el medio pie superior de tierra, asegurándose de que la distribución sea uniforme.
2. Debe acumularse con el tiempo, así que añada un poco más cada año. Esto permite que los nutrientes se acumulen.

3. Una vez que tenga la tierra y la composta, añada una cantidad generosa de agua.
4. No plante en la tierra inmediatamente. Deje la tierra durante 2-3 semanas antes de empezar a plantar su jardín.
5. Rastrille cualquier residuo que pueda haber caído antes de empezar a plantar y asegúrese de que la tierra esté uniforme y nivelada. Ahora, ¡ya puede plantar!

La composta añade nutrientes a través de los microorganismos, pero demasiado de algo bueno nunca es bueno. Si se desarrollan y crecen demasiado rápido, pueden agotar los nutrientes en lugar de añadirlos. Esto alterará el pH del suelo. Debe constituir aproximadamente una cuarta parte de la mezcla de tierra y debe mezclarse a fondo.

Camas elevadas

Utilice bancales elevados si no puede enmendar el suelo con la suficiente rapidez. De este modo, controlará la tierra y sus niveles de nutrientes. NO camine sobre la tierra de los arriates, ya que se compactará rápidamente y se endurecerá. Los arriates no deben tener más de 1,2 m de ancho, coloque un camino en el centro si desea que sean más anchos.

Los arriates elevados limitan las heladas y el hielo en las zonas más frías, y puede plantar unas semanas antes sin preocuparse de dañar las vainas de las semillas. Puede cubrirlos con un material oscuro no poroso para mantener a raya las malas hierbas y calentar la tierra para que empiece a crecer en ellos antes.

Utilice los cultivos de cobertura para mejorar el suelo

La fertilidad del suelo es importante, como ya sabrá, y hay algunos principios básicos que le ayudarán a mantener un suelo sano:
- Mantenga el suelo cubierto tanto como pueda
- No remueva el suelo a menos que sea necesario
- Mantenga las raíces en crecimiento durante todo el año para alimentar el suelo
- Diversifique lo que planta

Aquí es donde entra en juego el cultivo de cobertura. También conocido como abono verde, los cultivos de cobertura le ayudan a hacer todo eso y son una forma rentable de mantener los lechos de jardín ricos y fértiles mejorando la calidad y el rendimiento.

Si quiere añadir abono cada temporada, adelante. Pero el cultivo de cobertura es una forma estupenda de conseguir los mismos resultados sin tener que hacer grandes esfuerzos. Basta con cavar los bancales en otoño, esparcir las semillas por encima, cubrirlas con una fina capa de tierra y regarlas. Manténgalas húmedas hasta que germinen y déjelas crecer.

Una vez establecido el cultivo de cobertura, mantendrá a raya las malas hierbas y detendrá prácticamente toda la erosión de la capa superficial del suelo causada por el viento. Cuando el cultivo esté listo, basta con trocearlo, dejarlo caer sobre el huerto y dejarlo morir un poco antes de excavarlo, incluidas las raíces. Al descomponerse en el suelo, lo alimentará con nutrientes y nitrógeno, mejorando la actividad microbiana y la calidad del suelo. Como estos cultivos se plantan cuando su huerto de otro modo estaría vacío, hacen todo el trabajo por usted mientras usted puede sentarse y tomarse un descanso del duro trabajo.

El suelo está lleno de microorganismos vivos, y los cultivos de cobertura los alimentan. Sin embargo, se trata de una relación simbiótica. Esos microorganismos alimentan a las plantas con nutrientes como el fósforo y el nitrógeno.

Los cultivos de cobertura con largas raíces pivotantes mantienen la compactación del suelo al mínimo, ayudando así al crecimiento de las plantas. Sus raíces profundizan en el suelo y lo airean, favoreciendo la penetración de la humedad y reduciendo el riesgo de escorrentía.

Qué cultivos de cobertura plantar depende de lo que usted quiera. Si su suelo es arcilloso, está compactado, es arenoso y poco fértil, sufre erosión o no tiene suficiente materia orgánica, se beneficiará de un cultivo de cobertura.

Los mejores cultivos de cobertura

Los cultivos de cobertura suelen ser plantas perennes con un ciclo de vida corto, anuales o bienales. Todos tienen ventajas e inconvenientes, y estos son algunos de los mejores para utilizar, con consejos sobre cómo eliminarlos.

Centeno de invierno

Nombre científico: Secale cereal

El centeno de invierno, un cereal anual, se adapta a todo tipo de suelos, incluso a los poco fértiles, arenosos y ácidos. Es un cultivo de cobertura crucial para el invierno, ya que suprime las malas hierbas y sus raíces exudan una sustancia química que impide su germinación. Se planta como último cultivo de la temporada porque necesita un suelo fresco para germinar, normalmente cuando las temperaturas bajan a 35 °F. Por lo general, esto significa plantarla en otoño, más o menos en la época de las primeras heladas; si se planta antes, puede volverse agresiva.

Cómo eliminarla

A principios de la primavera, retire el centeno y déjelo en el suelo o arrástrelo directamente a la tierra. Atención: No muere durante el invierno, por lo que debe retirarlo en el momento oportuno para evitar que se convierta en semilla. Si lo corta y lo deja, déjelo unas semanas para que se descomponga antes de empezar a plantar en el jardín.

Guisante forrajero

Nombre científico: Pisum sativum

A los guisantes les gusta el clima fresco. Plántelos cuando empiece el calor del verano o cuando ya haya pasado. Los guisantes aportan nitrógeno al suelo para alimentar futuros cultivos. Los rizobios son bacterias del suelo que convierten el nitrógeno atmosférico en algo que las plantas pueden utilizar, adhiriéndose finalmente a las raíces de los guisantes. Cuando los guisantes mueren, el nitrógeno permanece en el suelo. Para plantarlos, entierre cada guisante hasta 5 cm de profundidad en el suelo.

Cómo eliminarlo

Si planta en primavera, los guisantes morirán a finales de la primavera y pueden quedarse donde están para descomponerse, o puede volver a labrarlos en el suelo antes de volver a plantar. Si los planta en otoño, sus tallos morirán en invierno y estarán totalmente descompuestos antes de que comience la temporada de crecimiento de primavera.

Avena

Nombre científico: Avena sativa

La avena es una hierba de temporada fría que germina con energía y se establece muy rápidamente, sobre todo la avena cultivada en primavera. Su profusa parte superior y sus raíces filamentosas mejoran la estructura del suelo cuando se labra. Recogen el fósforo del suelo y las plántulas absorben nutrientes adicionales, lo que restablece los niveles de fertilización del suelo. Puede plantarlas en otoño o primavera.

Cómo eliminarla:

Cuando la avena de primavera lleva creciendo entre 6 y 10 semanas, puede segarla y dejar que se descomponga o labrarla, preferiblemente mientras aún tenga las cabezas de las semillas verdes. La avena de otoño se planta a partir de la tercera semana de septiembre, lo que permite que se establezca antes de que llegue el invierno y la erosión del suelo. Si está en una zona fría, no sobrevivirá, por lo que puede labrarla fácilmente en primavera.

Trébol carmesí

Nombre científico: Trifolium incarnatum

El trébol carmesí es una hermosa planta que puede cultivarse en cualquier momento del año. Tiene una raíz pivotante simple que mina el suelo y acumula nitrógeno. Es excelente para suprimir las malas hierbas y controlar la erosión, y si se deja florecer, atraerá a los polinizadores.

Cómo eliminarlo

En cuanto empiece a brotar, siéguelo y límpielo. Puede dejarlo hasta que florezca, pero debe darse prisa, o se autosembrará y crecerá por todas partes. Si lo planta en invierno, morirá de forma natural en los inviernos fríos.

Ryegrass

Nombre científico: Lolium multiflorum

En la mayoría de los viveros es fácil encontrar ryegrass para plantar en primavera u otoño. Un paquete de semillas suele contener una combinación de gramíneas anuales y perennes. Si siembra ryegrass anual en otoño, morirá en invierno y podrá sembrarlo en primavera. La semilla perenne es más difícil, ya que su sistema radicular es largo. Con los niveles de humedad adecuados, es prolífica en las estaciones frías, así que siembre desde finales de verano hasta principios de otoño. Si se planta más tarde, no se establecerá correctamente, sobre todo si hay heladas.

Cómo eliminarla

Córtela a principios de primavera. Puede necesitar más de una siega si tiene semillas combinadas, y puede que tenga que asfixiarla si quiere eliminarla por completo. Deje que se descomponga durante unas semanas antes de plantar en el suelo.

Rábano oleaginoso

Nombre científico: Raphanus sativus

Es el mejor cultivo de cobertura para suelos compactados. Rompe fácilmente el suelo con su larga raíz pivotante y mejora notablemente el drenaje. Se parece más a un rábano daikon que a la típica variedad de primavera. Si lo planta a mediados de verano, crecerá lo suficiente como para crear bolsas en el suelo, lo que permitirá una mejor filtración del aire y el agua y facilitará que las plántulas arraiguen en la primavera.

Cómo eliminarla

Morirá una vez que las temperaturas bajen a 20 °F o menos y estará totalmente descompuesto para la primavera.

Uso de abono orgánico

Los fertilizantes químicos o sintéticos son baratos y fáciles de conseguir, así que ¿por qué querría utilizar las versiones orgánicas más caras en su suelo? Hay varias razones. No se trata de un resultado rápido. Los sintéticos pueden funcionar ahora mismo, pero los fertilizantes orgánicos mantienen el suelo sano a largo plazo.

Actúan lentamente

Antes de que un fertilizante orgánico pueda funcionar, debe ser descompuesto por el suelo, asegurando que las plantas y el suelo reciban la nutrición adecuada cuando la necesiten. Los fertilizantes sintéticos suelen provocar sobrealimentación, pueden quemar las plantas y no benefician al suelo.

Mejoran el suelo

Los abonos y materiales orgánicos mejoran la textura del suelo, ayudándole a retener la humedad y aumentando significativamente la actividad de los microorganismos. No solo ayudan a las plantas, sino también al suelo. Los fertilizantes sintéticos extraen los nutrientes del suelo, proporcionando una cosecha muy pobre.

Son seguros

No para comerlos o beberlos, obviamente, ya que la mayoría de ellos tendrían un sabor repugnante, aunque sean naturales. Sin embargo, son seguros para el jardín, el medio ambiente, los niños y los animales domésticos. Por el contrario, los sintéticos utilizan combustibles fósiles para producirlos, y las escorrentías suelen contaminar las fuentes de agua.

Son fáciles de usar

No pueden ser más sencillos, basta con mezclarlos, pulverizarlos o añadirlos al suelo. Benefician a su jardín de muchas maneras y son tan convenientes como los fertilizantes sintéticos.

Mezclar abono orgánico con tierra

Hay que tener en cuenta algunas cosas antes de hacerlo. El abono no puede añadirse tal cual y debe regarse primero. Esto garantiza que el fertilizante se distribuya uniformemente.

También conviene añadirlo lentamente. Añada un poco y mézclelo bien, empezando con una proporción de 1:10 de fertilizante por tierra. Una vez añadida la cantidad adecuada, puede regar la tierra.

Primero, decida qué quiere utilizar, hay montones de fertilizantes orgánicos disponibles, o puede hacer los suyos propios. El tipo de abono dependerá de su jardín y de sus necesidades de cultivo. Asegúrese de seguir atentamente las instrucciones del envase y añada el fertilizante en la cantidad adecuada; no añada demasiado, ya que puede dañar la tierra y las plantas.

Mézclelo, utilizando una horquilla de jardín o un espacio para distribuirlo por la tierra de manera uniforme.

Por último, plante sus plantas y asegúrese de dejarles espacio suficiente para crecer.

En el próximo capítulo nos ocuparemos de la plantación de las plantas y sus asociadas.

Capítulo 10: Plantar esos pares

Ya sabe lo que quiere plantar y tiene la tierra perfecta, así que es hora de ensuciarse las manos. Este capítulo empezará analizando la plantación de semillas frente a la de plantones.

Semillas

El cultivo de plantas a partir de semillas puede parecer desalentador para algunos principiantes, pero no es tan difícil. Es mucho más gratificante que comprar plantas. Una vez que se empieza, es divertido. Esta sección le dará la confianza necesaria para empezar a cultivar sus plantas a partir de semillas, ya sean hortalizas, hierbas o flores.

¿Por qué cultivar a partir de semillas cuando puede ir al vivero y comprar todo lo que necesita?

Como ya hemos dicho, algunas plantas se cultivan mejor a partir de semillas, sobre todo las que no tardan mucho en madurar. Dicho esto, en realidad depende de usted cómo cultive su jardín, pero es una garantía que una vez que empiece a cultivar ciertas plantas a partir de semillas, no mirará atrás.

No se presione. Si las cosas no salen bien, siempre puede comprar las plantas en el vivero y volver a cultivarlas a partir de semillas. Sin embargo, para que se sienta más cómodo, aquí tiene algunas de las principales ventajas:

- **Es más barato:** Comprar un paquete de semillas es mucho más barato que comprar las plantas, y obtiene más por el dinero invertido. Sin embargo, tenga en cuenta que las semillas caducan, así que compruebe las fechas de los paquetes.

- **Más opciones:** Siempre habrá más opciones con las semillas que con las plantas, así que tendrá más opciones para su jardín y también muchas más variedades de cada verdura, hierba o fruta.
- **Sabe lo que cultiva:** Cuando cultiva a partir de semillas, controla el entorno de cultivo y los fertilizantes, pesticidas y fungicidas que utiliza. Con un poco de suerte, lo hará todo de forma orgánica. No tiene ni idea de qué productos químicos se han utilizado con las plantas de vivero, si es que se ha utilizado alguno.
- **Puede empezar antes:** Sobre todo si vive en un clima más frío, podrá empezar antes con las semillas en el interior y tendrá el placer de verlas crecer y convertirse en plántulas sanas listas para la primavera.
- **Orgullo:** Usted cultivó esas plantas, así que tiene todo el derecho a sentirse orgulloso de sus logros.
- **Suficiente para todos:** Siempre que cultive a partir de semillas, siembre algunas de más, por si acaso alguna no lo consigue. Eso significa que probablemente tendrá excedentes; compártalos con sus amigos y familiares o véndalos para ganar algo de dinero para las semillas del año que viene.

Semillas 101

La mayoría de los principiantes tienen problemas porque la parte técnica les confunde, o intentan hacerse los listos y hacer las cosas de forma complicada. Cultivar a partir de semillas no es tan difícil, pero vamos a aclararte algunos conceptos básicos ahora mismo.

Términos técnicos:

Sí, la jardinería conlleva algunos términos técnicos, pero no son difíciles de entender; ¡pronto utilizará estas palabras como un profesional! Estos son algunos de los más importantes:

- **Siembra:** No es más que plantar las semillas.
- **Germinación:** Cuando las semillas empiezan a formar plántulas.
- **Escarificación:** Rascar la cubierta exterior de una semilla para acelerar el proceso de germinación.
- **Estratificación:** Simulación de condiciones climáticas frías para aquellas semillas que necesitan estar latentes en el frío antes de

poder germinar.

Técnicas de cultivo a partir de semillas

El éxito en el cultivo a partir de semillas depende de que lo haga de la forma correcta, y puede utilizar dos técnicas principales: La siembra en interior y la siembra directa.

- **Siembra en interiores:** Las semillas se siembran en recipientes y se mantienen en interiores durante varias semanas antes de trasplantar las plántulas al jardín. De este modo, puede iniciar sus cultivos mucho antes que en el exterior. Este método es ideal si quiere iniciar cultivos de crecimiento lento, como tomates y pimientos, a partir de semillas.
- **Siembra directa:** Con esta técnica, las semillas se siembran directamente en la tierra donde se van a cultivar; no se necesita ningún equipo especial ni trasplantar las plántulas.

Equipamiento:

A menudo, los novatos se resisten a cultivar a partir de semillas porque creen que les resultará caro equiparse. La verdad es que no necesitas mucho.

- **Semillas:** No es preciso excederse; ya sabe qué hortalizas quiere cultivar y ha estudiado las plantas que le acompañarán. Cuando sepa cuáles cultivará a partir de semillas y cuáles comprará como plantones, sabrá qué semillas comprar.
- **Tierra:** No puede utilizar la tierra de su jardín para esto; tendrá que comprar tierra para macetas en su vivero. Contiene la mezcla adecuada de nutrientes para que las semillas germinen y crezcan.
- **Agua:** No utilice agua del grifo si puede evitarlo; tiene demasiado cloro. Si es la única opción, ponga un poco en una jarra y déjela 24 horas a temperatura ambiente para disipar el cloro. Si es posible, utilice agua de lluvia limpia o de deshielo, y llévela a temperatura ambiente antes de utilizarla.
- **Bandejas para semillas:** Sirven para colocar las semillas en las macetas.
- **Macetas:** Para sembrar las semillas, puede utilizar macetas de 3 pulgadas o enraizadores (para determinadas semillas).

Diferentes tipos de semillas

No nos referimos a tipos de hortalizas o hierbas. Los distintos tipos de semillas crecen de formas diferentes, pero sí las dividimos en dos categorías principales: De climas cálidos y resistentes al frío:

- **Semillas de clima cálido:** Solo germinan y crecen en un ambiente cálido. Demasiado frío y no harán nada, e incluso si lo hacen, las plántulas no sobrevivirán. Suelen ser las mejores para empezar a cultivar en interior e incluyen pimientos, tomates, berenjenas, brócoli, albahaca, cosmos, zinnia y caléndulas, entre muchas otras.
- **Semillas resistentes al frío:** A estas semillas les gusta la temperatura más fresca. Si hace demasiado calor, no germinarán o las plántulas probablemente morirán. Suelen sembrarse directamente en el suelo al aire libre e incluyen espinacas, lechugas, rábanos, judías, latidos, zanahorias, guisantes, girasoles y petunias.

Preparativos para cultivar sus semillas

Antes de empezar a cultivar, tiene que estar preparado. Póngase manos a la obra sin seguir estos pasos y puede que no tenga éxito:

- **Lea el paquete:** Puede parecer una tontería, pero le sorprendería saber cuántos jardineros no leen los paquetes de semillas y se preguntan por qué fracasan. En cada paquete se indican los requisitos de cultivo de cada semilla, cuándo plantarla, si se debe sembrar en interior o exterior, cuándo esperar la cosecha, etcétera.
- **Prepárese:** Prepare todo el material antes de empezar; esto incluye bandejas de semillas, macetas, tierra, etc. Si sus bandejas son viejas, debe limpiarlas y desinfectarlas antes de utilizarlas por si llevan restos de enfermedades o pequeños huevos de plagas.

Cómo plantar las semillas

No importa si siembra en macetas, en el interior o directamente en el suelo; el proceso es prácticamente el mismo para ambos casos:

Primer paso: Preparar la tierra

Si siembra directamente en el suelo, afloje los tres o cuatro centímetros superiores de tierra. Añada composta o humus de lombriz y el abono orgánico que prefiera. Si va a sembrar en interior, tenga a mano una bolsa de abono de alta calidad.

Segundo paso: Calcule el espaciado

Esto depende de lo que esté cultivando, y los requisitos de espaciado estarán escritos en el paquete de semillas.

Tercer paso: Comience a sembrar

Una vez más, depende mucho de la planta. Algunas semillas deben enterrarse más profundamente en la tierra que otras. Siembre la semilla en un agujero y déjela caer dentro, o colóquela sobre la tierra y presiónela hacia abajo. Esto último no funcionará con las zanahorias y otras semillas finas y diminutas; estas pueden espolvorearse sobre la tierra.

Cuarto paso: Cúbralas

Cubra las semillas con tierra y dé golpecitos suaves.

Quinto paso: Riéguelas

Rocíe agua sobre las semillas de interior. La tierra debe estar húmeda, pero no encharcada. Ajuste la manguera a un chorro fino para las siembras de exterior y rocíe ligeramente por encima; no moleste a las semillas.

Seguimiento de las plantas

Si ha comprado un diario de jardinería, utilícelo ahora. Si no, empiece una hoja de cálculo en su ordenador o simplemente coja un cuaderno y un bolígrafo. Anote lo siguiente:

- Las semillas que acaba de plantar
- La fecha de plantación
- La fecha de geminación
- El porcentaje de éxito: Cuántas han germinado con éxito

Tome nota de las técnicas que ha utilizado y, a medida que vaya realizando el seguimiento de principio a fin, anote lo que ha funcionado y lo que no, lo que podría hacer mejor, los problemas a los que se ha enfrentado, etc.

Plántulas

Tanto si cultiva las plántulas a partir de semillas como si las compra en un vivero o a un cultivador local, el proceso de manipulación y plantación es el mismo. Tendrá que trasplantarlas de su entorno de cultivo actual a otro.

¿Qué es el trasplante?

Los plantones deben trasplantarse a la tierra

Trasplantar se refiere a mover una planta de un entorno a otro, en este caso, de una maceta a otra, ya sea comprada en el vivero o plantones que haya cultivado usted mismo.

La pregunta más importante que querrá responder es cuándo se trasplanta. Eso depende de la planta. Algunos cultivos deben trasplantarse antes de que haga demasiado calor (como la lechuga). Por otra parte, los cultivos de temporada cálida, como pimientos, berenjenas y tomates, no deben plantarse hasta que el tiempo haya mejorado, ya que no les gustan las temperaturas bajas. La temperatura del suelo también es un factor importante. Consulte las previsiones, así sabrá a qué atenerse.

Preparación:

Si las previsiones meteorológicas son buenas, es hora de empezar a preparar el huerto:

- **Prepare la tierra:** Durante el invierno, es posible que la tierra se haya compactado, así que aflójela. Utilice un tenedor para removerla y airearla. Elimine los residuos y las malas hierbas, y excave materia orgánica a una profundidad aproximada de una pala. Esto ayudará a que drene correctamente, pero retendrá la humedad, permitiendo que las raíces profundicen.

- **Caliente el suelo:** Haga todo lo posible para calentar el suelo; coloque supresor de malas hierbas negro o plástico sobre él y déjelo ahí una o dos semanas antes de plantar.

- **No camine sobre la tierra:** Coloque tablas en el suelo para caminar sobre ellas, o haga un camino con otra cosa. Si camina sobre la tierra, se compactará y las raíces tendrán dificultades para avanzar. Y cuando riegue, se escurrirá.
- **Matar de hambre a las plantas:** ¡No es tan malo como parece! Una semana antes de trasplantar sus plantones, reduzca la cantidad de agua que les da y deje de fertilizar. Esto les ayudará a adaptarse a la vida al aire libre.
- **Endurecerlas:** No es suficiente con sacar una planta de un entorno cálido y protegido y plantarla en un lugar frío al aire libre. Debe hacerse una transición y darle la oportunidad de acostumbrarse al cambio. Si no lo hace, la planta entrará en shock y puede morir. Aproximadamente una semana antes del trasplante, coloque las plántulas al aire libre en una zona sombreada y sin viento, pero no demasiado, ya que necesitarán sentir el sol. Hágalo durante unas horas al día, sacándolas gradualmente de la sombra y exponiéndolas al sol y al viento. Así se acostumbrarán a su nuevo entorno permanente.
- **Humedezca la tierra:** Durante el endurecimiento, la tierra debe mantenerse húmeda, ya que el aire exterior puede agotar rápidamente la humedad de la tierra.

Cómo trasplantar:

Intente elegir un día nublado, pero cálido y planifique el trasplante a primera hora de la mañana. Esto permitirá que sus plantas se asienten en su nuevo hogar sin exponerse por completo al sol ardiente.

1. Examine la tierra para ver si está demasiado seca o húmeda para cavar agujeros; debe estar húmeda, no ahogada en agua. Añada mucha agua a la tierra veinticuatro horas antes de plantar. Esto mantendrá la tierra trabajable al cavar hoyos, y las raíces se regarán inmediatamente al plantar.
2. Nivele la superficie antes de empezar a cavar y plantar.
3. Coloque las plantas (en macetas o extraídas de ellas) en el suelo antes de cavar para hacerse una idea de la disposición.
4. Empiece por las plantas más alejadas de los bordes de la zona. Cave un agujero más grande que la tierra y las raíces del contenedor para colocar la planta.

5. Saque la planta del contenedor si aún no lo ha hecho. Asegúrese de cubrir el lado de la tierra con la mano (no dañe la planta) y dé unos golpecitos en la base de la maceta; esto aflojará la tierra.
6. Introduzca el plantón en el agujero preparado y rellénelo con tierra. Añada una capa de tierra de un cuarto de pulgada por encima y apisónela suavemente.
7. Riegue generosamente la planta para que se asiente. Esto ayudará a aclimatar la planta y rellenar los agujeros de aire dejados por la excavación y la plantación.
8. Deje que las plantas se aclimaten por completo (cuarenta y ocho horas) antes de abonarlas. Es importante añadir abono con fósforo para ayudar a las raíces a afianzarse y para que la planta crezca fuerte. Siga las instrucciones de la etiqueta para añadir el abono.
9. Si su bancal de plantación está sometido a un clima caluroso, cree una cubierta vegetal para retener la humedad añadiendo una capa de mantillo de corteza sobre la tierra.
10. Tenga en cuenta el tiempo. Si hay temperaturas bajo cero o una tormenta de granizo, proteja las plantas jóvenes cubriéndolas para retener el calor y protegerlas de los elementos. Retire la cubierta cuando el tiempo vuelva a la normalidad.

No deje nunca que la tierra se seque del todo, debe mantener al menos algo de humedad. Riegue a ras de suelo, es decir, no sostenga la regadera o la manguera en alto, ya que podría dañar las plantas; riegue a diario hasta que las plantas estén bien establecidas.

Uso de cubiertas vegetales

Las plantas que crecen al aire libre son vulnerables a las inclemencias del tiempo, la temperatura y muchos otros problemas que puedan surgir. Por eso muchos jardineros utilizan cubiertas vegetales para proteger sus plantas. Aquí tiene 10 razones por las que podría quererlas en su jardín:

1. Protegen las plantas jóvenes de las plagas que excavan en el jardín, como ardillas listadas, topillos y ratones.
2. Aceleran el proceso de germinación de las semillas sembradas directamente.
3. Protegen las plantas tiernas de las inclemencias del tiempo y las heladas tardías.

4. Protegen los cultivos de clima cálido de las heladas tempranas del otoño.
5. Mantienen alejados a los pájaros.
6. Evitan que el escarabajo mexicano de la judía, el gusano de la col, el gusano del cuerno y otras plagas pongan huevos.
7. Reducen los daños causados por los comedores de hojas, como los escarabajos de Colorado, los escarabajos del pepino y las chinches de la calabaza.
8. Evitan que los ciervos se coman sus plantas o rocen sus árboles.
9. Mantienen las plantas de clima fresco protegidas del sol abrasador.
10. Protegen sus hortalizas de conejos, marmotas y ardillas.

Hay todo tipo de cubiertas vegetales, y cada una ofrece su propio tipo de protección. Las hay de diversos materiales y tamaños, algunas para una sola planta y otras para varias.

¿Cuándo utilizar cubiertas vegetales?

No hay un momento específico para utilizar cubiertas vegetales. Puede utilizarlas tanto o tan poco como desee, en función del uso que les vaya a dar. Se pueden utilizar para proteger de las heladas a principios de primavera y a finales de otoño. Si quiere que mantengan alejadas a las plagas de sus plantas, utilícelas durante toda la temporada de cultivo. Y si necesita mantener alejados a los animales, utilícelos todo el año. Ya se hace una idea.

Lo único que debe saber es que no debe esperar a que sea demasiado tarde para utilizarlas. Son una medida preventiva, no una solución para los daños.

Estas son las cubiertas vegetales más comunes y sus usos:

Cubierta en hilera

Existen dos tipos de cubiertas para hileras: Plástico o vellón. El vellón es ideal para proteger las plantas tiernas de las heladas y es permeable, lo que permite que la humedad se filtre. El plástico crea un entorno mucho más cálido y es ideal para la germinación y el crecimiento de las plántulas.

Puede prolongar la temporada con ambas cubiertas, pero utilicé el plástico si su clima es más frío. Deberá vigilarlas para asegurarse de que no se sobrecalienten y deberán estar bien sujetas. Las cubiertas para hileras le permiten empezar pronto la temporada de cultivo.

Ideal para: Alargar la temporada y proteger los cultivos.

Mantillo

El mantillo es increíblemente versátil y es algo que todo jardinero debería utilizar. Mantiene la humedad y el calor cuando hace sol, pero también aísla en los días fríos. Una capa de mantillo también limita el crecimiento de las malas hierbas. Y, si utiliza mantillo orgánico, puede ayudar a acondicionar el suelo cuando se descompone.

Lo importante es no utilizar demasiado mantillo, no más de una capa de 10 cm alrededor de cada planta. Si usa demasiado, las plantas pueden asfixiarse. El mantillo puede ser cualquier cosa orgánica que pueda triturarse y desmenuzarse para proporcionar una capa de cobertura (papel, corteza, paja, etc.).

Ideal para: Plantas perennes que necesitan un poco de protección contra el frío.

Cloche

Son estupendas cubiertas temporales para proteger las plantas tiernas de las heladas inesperadas. Puede que piense que la temporada de heladas ha terminado o que no empezará hasta dentro de un mes, pero la madre naturaleza suele tener otras ideas. Es mejor estar preparado.

El único inconveniente es que los mantos no son baratos, por lo que utilizarlos en grandes extensiones de plantas puede no resultar rentable.

Ideal para: Proteger pequeñas cantidades de plantas jóvenes.

Marco frío

Los marcos frigoríficos, increíblemente resistentes, suelen tener un armazón de madera con paneles de cristal y una tapa con bisagras para facilitar el acceso a las plantas. Los jardineros de invierno suelen utilizarlos para cultivar alimentos durante todo el año, incluso cuando nieva.

La clave del éxito es asegurarse de que las plantas están completamente desarrolladas justo cuando el tiempo se vuelve gélido. El crecimiento de las plantas es mucho más lento durante el invierno, por lo que conviene que estén lo más maduras posible antes de colocarlas en el marco frío.

Ideal para: Jardinería de otoño/invierno en climas fríos.

Capítulo 11: Riego y cuidado de las plantas

Cultivar un huerto con éxito no consiste solo en meter las plantas en los agujeros y esperar que todo vaya bien. Tanto si cultiva a partir de semillas como de esquejes, sus plantas necesitan un cierto nivel de cuidado, que incluye el riego. Cuando las plantas maduran, sus cuidados pasan a otro nivel.

Cuidarlas es la clave de su supervivencia
https://unsplash.com/photos/EdscD_R28bM?utm_source=unsplash&utm_medium=referral&utm_content=creditShareLink

Semillas y plántulas

Normalmente, tendrá que regar las semillas y los plantones cada uno o dos días, independientemente de si están en el interior o en el jardín. Asegúrese de regar uniformemente para que todas las zonas de la tierra reciban humedad. No es bueno que el agua se estanque ni que haya zonas secas.

Dicho esto, todo dependerá del tipo de suelo, la temperatura, otras fuentes de calor, etc. Cuando hace más calor y el clima es más seco, o si utiliza un politúnel o un invernadero, puede que incluso necesite regar a diario, si no más.

Asegúrese de utilizar un medidor de humedad para comprobar regularmente la humedad del suelo:

- **La ½ pulgada (1 cm) superior del suelo está seca:** La mayoría de las semillas se siembran justo debajo de la superficie del suelo, y las raíces de las plántulas son cortas, por lo que necesitan que la tierra esté húmeda a su alrededor. Si el primer centímetro de tierra está seco, no les irá bien. No deje que llegue a este punto; podría detener la germinación y atrofiar el crecimiento. La tierra está seca cuando su color es más claro. Si no tiene un medidor de humedad, introduzca el dedo en la tierra sin molestar a la semilla o plántula; si está seca, riéguela.

- **La bandeja o las macetas parecen ligeras:** Levántelas a diario y sienta su peso. Cuanto más ligeras sean, más secas estarán. Con un poco de tiempo, no tardará en saber cuándo necesitan riego sus plantas con solo levantarlas.

- **Compruebe las plantas:** Las plántulas pequeñas son sensibles a los cambios de agua; si no es suficiente, empezarán a caerse. Si ve plántulas así, riéguelas, pero no se exceda.

Las semillas y los plantones sembrados directamente son un poco más fáciles de cuidar, y tienen un poco más de margen de maniobra. Las plantas cultivadas en maceta tienden a secarse más deprisa que las cultivadas en el exterior, y la humedad es más escasa, mientras que las cultivadas en el exterior tienen acceso a un suministro de agua mucho más profundo, lo que también hace que la planta desarrolle un sistema radicular más profundo. También se benefician del rocío de las mañanas y de los chubascos de lluvia.

A medida que las plántulas crecen y envejecen, ya no son tan ávidas de agua. Una semana o 10 días después de la germinación, puede reducir el riego a un día sí y un día no, y a medida que sigan creciendo, puede reducirlo aún más, siempre que el riego sea profundo.

Riego insuficiente o excesivo de las plántulas

Obviamente, si no les proporciona suficiente agua, sus plantones se secarán y pueden morir, sobre todo en climas cálidos. Las plantas más viejas pueden revivir, aunque estén muy secas y un poco marchitas, pero las más jóvenes no tienen la resistencia necesaria para sobrevivir sin agua, ni siquiera durante unos días.

Otro problema del riego insuficiente se produce si utilizas musgo de turba en su sustrato de cultivo. Cuando la turba se seca, no absorbe el agua, sino que se escurre.

Si sus plantas se han secado, riéguelas lo antes posible; puede que tenga la suerte de cogerlas a tiempo. Si ha utilizado musgo de turba y está seco, remójelo en una bandeja con agua hasta que se rehidrate

¿Y si riega demasiado sus semillas y plántulas? No pasa nada, ¿verdad? Pues no, no lo está. Mucha gente comete el error de inundar sus plantas con agua cuando se han secado, pero esto puede acarrear su propia serie de problemas, entre ellos:

- **Pudrición de las raíces:** Cuando la tierra está saturada de agua, las raíces pueden pudrirse.
- **Ahogamiento:** Sí, usted puede ahogar sus plantas porque pueden respirar. El agua puede llenar los agujeros de la tierra, impidiendo que entre el aire, y las plantas se ahogarán.
- **Moho:** Al moho le encanta la humedad, y es fatal para las plantas jóvenes y las semillas.
- **Mal del talluelo:** Es una enfermedad fúngica que afecta a las plántulas regadas en exceso.
- **Insectos:** A algunas plagas les encanta la humedad y atacan a las plántulas jóvenes, que no tienen fuerza para sobrevivir.

Qué hacer si riega en exceso sus plantones

Si los plantones están en bandejas, trasládelos a un lugar seco, aireado y soleado para que se sequen. Si están en el jardín, solo puede esperar a que la tierra se seque y rezar para que no llueva mucho.

La forma correcta de regar

Regar sus plantas no es una ciencia exacta, pero debe estar en algún lugar cerca de la marca para que prosperen. Hay dos maneras de regar:

1. Riego de fondo

Este sistema utiliza el principio de la acción capilar. El agua pasa de las zonas muy húmedas a las más secas.

Coloque las macetas en una bandeja poco profunda y llénela de agua. Déjela reposar un par de horas; para entonces, la tierra habrá absorbido lo que necesita; puede comprobarlo con un medidor de humedad. Si aún está seca, déjela un poco más. Cuando la tierra esté suficientemente húmeda, elimine el agua restante. No pierda de vista que sus plantas pueden tener mucha sed y agotar el agua rápidamente. Si la bandeja se seca rápidamente, añada más agua.

Esta es una de las mejores formas de regar las plántulas, ya que es suave y la tierra solo absorberá lo que necesita, lo que significa que no hay posibilidad de exceso de riego.

2. Riego por aspersión

Se explica por sí mismo. Significa que se riega desde arriba. Sin embargo, la forma de regar desde arriba depende de si las plántulas crecen en el interior, en macetas, o en el exterior, en el suelo. Las de interior están en una tierra más ligera, que podría ser arrastrada si no tiene cuidado, o podría romper los tallos de las plántulas.

Estos son los mejores métodos de riego para los plantones cultivados en maceta en interiores:

- **Riego por aspersión:** Utilice un pulverizador para rociar agua sobre los plantones, normalmente una vez al día o más. Así solo regará la superficie de la tierra y no la empapará. Solo debe hacer esto hasta que las semillas hayan germinado y empiecen a mostrar signos de crecimiento; entonces, necesitarán más agua.

- **Rocío ligero:** Una regadera con una buena manguera que ofrezca un rocío fino y ligero funcionará para esto. También puede abrir agujeros en la tapa de una botella de agua o refresco y llenarla de agua. Si utiliza una regadera, utilice una de interior, suelen ser más pequeñas, con boquillas finas y mucho más suaves.

Regar los semilleros de exterior es tan sencillo como utilizar una manguera o una regadera. Sin embargo, se aplican los mismos principios; si son jóvenes, no los riegue con fuerza. Un chorro suave bastará.

También puede utilizar un sistema de riego por goteo o una manguera de remojo. Una vez montado el sistema, solo tiene que conectar la manguera y dejarlo; el agua penetrará profundamente en el suelo alrededor de las raíces.

¿Por qué es tan importante regar correctamente?

Como ya se ha dicho, no es una ciencia exacta, pero tampoco se trata de echarles agua a las plantas sin más. Entender cómo utilizan el agua las plantas lleva tiempo, y también intervienen otros factores, como la temperatura, el clima, la textura del suelo, la época del año y la hora del día. Debe prestar atención a todos estos factores porque sus plantas necesitarán distintas cantidades de agua en momentos diferentes.

Sin embargo, mientras se familiariza con su jardín, hay algunos consejos que puede seguir para ayudarle:

1. **Riegue desde las raíces:** El agua debe llegar al nivel del suelo y aplicarse hasta que haya empapado todo el cepellón. No olvide que el sistema radicular de una planta puede llegar muy lejos, así que suponga que es tan ancho como la propia planta y que tiene al menos 30 cm de profundidad, si no más. Ahí es donde las mangueras de remojo son mejores, ya que el agua baja por la tierra hasta el nivel de las raíces; 20 minutos y sus plantas tendrán toda el agua que necesitan.

2. **Compruebe el suelo:** No riegue porque crea que debe hacerlo; puede que sus plantas no lo necesiten. Use la yema del dedo para sondear un par de centímetros hacia abajo en la tierra; si está seca, necesita agua. También puede utilizar un medidor de humedad.

3. **Riegue temprano:** La mañana es el mejor momento para regar, ya que las hojas pueden secarse durante el día. Si las hojas de su planta están constantemente húmedas, hay muchas posibilidades de que se instalen enfermedades fúngicas. Si no le viene bien a primera hora de la mañana, deje el riego para última hora de la tarde, cuando el sol no es tan fuerte.

4. **Riegue despacio:** Si riega a chorro la tierra seca, se escurrirá y no penetrará. Empiece despacio y vaya aumentando; cuando la tierra esté húmeda en la parte superior, se absorberá mejor en la parte inferior.

5. **Haga que cuente:** De nuevo, lo mejor son las mangueras de remojo y los sistemas de riego por goteo. El agua va solo donde se

necesita y no se desperdicia. Además, regar temprano por la mañana o tarde por la noche reducirá al mínimo la pérdida de agua por evaporación. Para ciertos cultivos, los mejores acompañantes son los que dan sombra al suelo, manteniendo la humedad.

6. **No demasiada:** El agua no es lo único importante para una planta; también necesita oxígeno. Deje que la tierra se seque un poco entre riegos, sobre todo con las plantas en contenedor. Un riego profundo una o dos veces por semana es mucho mejor que un riego diario.

7. **No deje que se sequen:** Cuando el sol está en su punto más alto y caluroso, las plantas suelen marchitarse un poco; esto les permite conservar algo de humedad, pero debería verlas reanimarse cuando el día se enfría. Si no es así, es que las plantas están demasiado secas. Esto daña algunas de las pequeñas proyecciones de sus raíces, y la energía que necesitan para volver a crecer debería dedicarse al crecimiento de la planta. El resultado podría ser un crecimiento atrofiado y una mala cosecha.

8. **Utilice mantillo:** El uso de mantillo orgánico alrededor de las plantas puede ayudar a retener la humedad durante más tiempo, ya que impide que el agua se escurra o se evapore. Sin embargo, no utilice demasiado mantillo, ya que puede impedir que el agua llegue a las raíces.

Abonos

Las plantas necesitan un suelo sano para crecer correctamente y producir frutos y flores. Todas las plantas toman nutrientes del suelo. Algunas necesitan más nutrientes de los que están disponibles. Es una especie de reacción en cadena:

- Usted alimenta el suelo con nutrientes
- Esos nutrientes alimentan a la planta
- Las plantas nos alimentan a nosotros

Las plantas necesitan tres nutrientes principales: Nitrógeno, fósforo y potasio. No pueden absorber el nitrógeno del aire, por lo que deben obtenerlo del suelo y, si no hay suficiente, es necesario fertilizarlo para aumentarlo. El potasio existe en el suelo, pero suele estar mucho más profundo que las raíces y no está disponible para ellas. El fósforo también está disponible, pero solo en determinadas rocas. La única forma en que una planta puede acceder a él es si es soluble en agua. Por eso hay que echar una mano a nuestras plantas.

Lo mejor son los abonos orgánicos, como la composta y el estiércol animal, pero también puede comprar abonos totalmente orgánicos. Más adelante aprenderá a fabricarlos usted mismo, pero de momento, consulte el capítulo 9 para saber cómo añadir fertilizantes a la tierra y a las plantas.

Poda y eliminación de hojas

Tanto los jardineros experimentados como los novatos deben seguir una rutina de mantenimiento para cultivar plantas sanas, que incluye la poda y la eliminación de hojas. No todas las plantas requieren este tipo de cuidados, pero debe saber qué hacer cuando sea necesario. Puede que piense que la poda y la eliminación de hojas son lo mismo, pero se trata de métodos diferentes y suelen realizarse en momentos distintos de la temporada.

Poda

La poda debe hacerse con regularidad en algunas plantas y consiste en eliminar ramas y follaje. La poda sirve para eliminar partes muertas o enfermas de la planta, dar nueva forma a los arbustos o estimular su crecimiento.

La poda favorece el crecimiento fresco, la aparición de nuevos capullos florales y la salud de la planta. Si tiene arbustos viejos en su jardín, la poda puede darles una nueva vida. Mírelo de este modo: Igual que usted necesita cortarse el pelo de vez en cuando para arreglárselo y renovarse, sus plantas necesitan lo mismo.

Cómo podar

En realidad es muy sencillo. Corte lo que no necesite con unas tijeras de podar afiladas. Si poda el follaje de una planta, corte hasta un tercio de los tallos. Si poda para reducir el crecimiento de una planta, no corte los tallos, sino solo la parte dañada.

Las plantas anuales y perennes deben podarse una vez que hayan aparecido las primeras flores y dejar de podarse cuando termine la temporada de crecimiento. Sin embargo, debe investigar porque cada planta es diferente y requiere técnicas y tiempos de poda distintos.

Algunas plantas tienen necesidades estacionales y solo pueden podarse en determinadas épocas del año.

Eliminación de hojas

La eliminación de hojas marchitas es un proceso de jardinería intuitivo. Las hojas muertas aún pueden extraer nutrientes de la tierra, pero no crecen. Eliminarlas proporciona más alimento a las demás flores y capítulos. Todo lo que tiene que hacer es quitar los tallos muertos.

También tendrá un jardín más bonito cuando no esté decorado con flores muertas. Cuando elimine las hojas muertas, notará que su jardín florece más y se vuelve más colorido, ya que no se desperdician los nutrientes del suelo.

Cómo quitar las hojas muertas

Es muy sencillo. Corte las hojas muertas o marchitas. Córtelas justo por encima del primer grupo de hojas. Puede hacerlo tan a menudo como quiera o una vez por temporada; sin embargo, cuanto menos lo haga, menos flores tendrá.

No todas las plantas necesitan ser podadas. Normalmente, las que producen muchas flores, como las caléndulas, las rosas, las petunias, las salvias, etc., se benefician de la decapitación. Sin embargo, si solo tienen una flor, no le agradecerán que se la corte.

Capítulo 12: Solución de problemas comunes de las plantas asociadas

Ningún jardín está exento de problemas y desafíos, pero entender los problemas y cómo resolverlos le ayudará a mantener su jardín en buenas condiciones. Esto es especialmente cierto en lo que se refiere a la plantación asociada, pero afortunadamente, como se trata de una técnica centenaria, hay muchos consejos sobre los posibles problemas. He aquí los más comunes:

Espaciado insuficiente

Muchos jardineros cometen el error de plantar plantas demasiado juntas. Puede que entonces no se dé cuenta, pero pronto lo verá cuando sus plantas alcancen su tamaño completo. Quiere que sus plantas acompañantes hagan su trabajo sin apiñar sus cultivos.

Cómo evitarlo:

Asegúrese de planificar con antelación. No debe asignar el espacio en función del tamaño de las plántulas o semillas. Tenga en cuenta el tamaño que alcanzará la planta y espacie las plantas con antelación, aunque parezca demasiado espacio en el momento de plantar. Si no está seguro de cuánto espacio necesita, procure ser precavido y deje más espacio del necesario.

Competencia por el agua

Esto dependerá del tipo de suelo y de su capacidad para retener agua. Si escasea el agua, las plantas más resistentes y de raíces profundas se la llevarán y no dejarán nada para las demás, un problema que también se produce cuando las plantas compiten por el espacio.

Los cultivos de raíces superficiales tienen problemas con el agua porque la parte superior del suelo se seca primero y no tienen raíces pivotantes que les ayuden a obtener agua. Cuando realice plantaciones asociadas, asegúrese de que las plantas de raíces profundas no puedan absorber el agua de las de raíces superficiales.

Cómo evitarlo:

Mantenga el suelo húmedo. Utilice mangueras de remojo y mantillo para mantener el agua constante.

Competencia por los nutrientes

Algunas plantas necesitan muchos nutrientes, como las brásicas, los tomates, los pepinos, las calabazas y los pimientos. Los niveles adecuados de nutrientes les permiten producir una larga temporada de frutos. Sin embargo, pueden robar todos los nutrientes del suelo, sin dejar nada para otras plantas. Si los nutrientes son insuficientes, los cultivos se resentirán.

Cómo evitarlo:

Asocie sus cultivos según sus necesidades nutricionales, es decir, no plante plantas acompañantes que necesiten los mismos nutrientes que sus cultivos principales. Asegúrese de añadir abundante abono orgánico a lo largo de la temporada para mantener los niveles, en particular fertilizantes de liberación lenta.

Sombrear las plantas

La plantación asociada ofrece fantásticas ventajas, pero si una o varias plantas crecen demasiado, pueden hacer sombra a las demás y perder sus beneficios. La luz solar es el combustible necesario para el crecimiento de las plantas y la fotosíntesis; si las plantas tienen que competir por la luz, no acabará bien. Digamos que permite que sus pepinos crezcan a lo largo del suelo en lugar de erguidos (no es una buena idea); las plantas más altas les cortarán la luz y les impedirán crecer y fructificar adecuadamente. Del mismo modo, los tomates altos pueden quitar la luz a las judías arbustivas.

Sin embargo, un poco de sombra también beneficia a algunas plantas, como las espinacas y las lechugas.

Cómo evitarlo:

Casi todas las plantas y flores necesitan luz solar para crecer. Cuando plante con otras plantas, asegúrese de que las más altas no le den demasiada sombra. Puede resultar tentador plantar en exceso una planta acompañante sin darse cuenta del daño que causará. En el caso de las plantas parecidas a las enredaderas, proporcione un soporte para elevarlas y que reciban la luz solar que necesitan. Estudie su jardín antes de plantar para ver dónde da el sol cada día; esto le orientará mejor sobre cómo dar sombra a sus plantas.

Compañeros alelopáticos

Las plantas son como las personas: No todas se llevan bien. Algunas plantas impiden que otras crezcan, lo que provoca ciertos desastres. Las plantas alelopáticas producen sustancias químicas desde sus raíces que suprimen el crecimiento de las plantas vecinas. Básicamente, solo sobreviven las más fuertes, y estas plantas solo se interesan por sí mismas.

Cómo evitarlo:

Tenga cuidado con las plantas asociadas y asegúrese de que no existen plantas alelopáticas. He aquí algunas de las peores combinaciones:

- **Allium o menta con espárragos:** Tanto los allium como la menta son buenos para el control de plagas por su producción de aceites volátiles, pero pueden reducir el crecimiento de las plantas acompañantes.
- **Cebollas y judías:** No funcionan bien juntas y limitarán el crecimiento, especialmente a partir de semillas
- **Girasoles y patatas:** Los girasoles limitan el crecimiento de las patatas con las sustancias químicas que liberan; los girasoles también producen demasiada sombra.
- **El hinojo y casi todo:** Los compuestos que el hinojo libera en el suelo atrofian el crecimiento de casi todo lo que le rodea.

Diferentes requisitos del suelo

Cambiar la composición del suelo de un lugar a otro es casi imposible, y no todas las plantas prosperan en las mismas condiciones. Algunas plantas prefieren suelos alcalinos, mientras que otras prefieren suelos ácidos.

Algunas plantas pueden prosperar incluso cuando se cambia el suelo, empezando como una gran compañera antes de convertirse en una enemiga. Si las planta cerca unas de otras, uno de sus cultivos no crecerá adecuadamente.

Cómo evitarlo:

Conozca los requisitos de suelo y pH de sus plantas, y plante solo aquellas compañeras que trabajen con sus cultivos, no contra ellos.

Mal momento

El momento oportuno es importante en la siembra asociada. Los cultivos asociados adecuados se complementarán a la perfección durante toda la temporada de cultivo. Por ejemplo, si planta tomates, llene el resto del bancal con lechugas o rábanos. Son plantas rápidas que se cosecharán cuando los tomates estén completamente desarrollados.

Algunas plantas deben establecerse antes de que sus beneficios como acompañantes se hagan patentes. Por ejemplo, si planta maíz y pepinos juntos y quiere que el pepino utilice el maíz como espaldera, el maíz debe tener al menos uno o dos metros de altura antes de plantar los pepinos.

Por último, hay que tener en cuenta la floración. Las flores ofrecen los mejores beneficios de la plantación asociada, así que mientras el follaje de muchas plantas hace un buen trabajo repeliendo plagas, sus flores atraen a insectos beneficiosos y depredadores.

Cómo evitarlo:

Fíjese en los DHM (días hasta la madurez) de cada planta. La madurez suele ser el tiempo que se tarda en obtener la primera cosecha; algunas plantas seguirán dando frutos toda la temporada. Sincronice los tiempos de plantación para que todo se beneficie y, además, experimente: Pruebe a escalonar las plantaciones para ver qué funciona.

Compañeros agresivos

Algunas plantas son demasiado agresivas y no deberían plantarse junto a hortalizas:

- Bambú
- Bálsamo de abeja
- Zarzamoras
- Trébol

- Alcachofas de Jerusalén
- Menta
- Ipomoea violacea
- Romero
- Tomillo

Estas plantas pueden ser impresionantes, pero crecen muy deprisa y ahogan todo lo que encuentran a su paso. Algunas se extienden rápidamente bajo tierra (bambú, ruibarbo, menta, etc.) y aparecen por todo el jardín, sorteando cualquier barrera que haya colocado.

Cómo evitarlo:

No las plante cerca de sus huertos. Puede plantar plantas como el romero, la menta, el ruibarbo y el tomillo en macetas. De esta forma, obtendrás los beneficios de las plantas asociadas sin los inconvenientes que conllevan.

Plantaciones desordenadas

Puede que piense que una plantación desordenada y al azar es divertida, pero las hileras están ahí por una razón. Son visualmente atractivas y facilitan el cuidado de las plantas. El riego (al igual que el desherbado) se convierte en una tarea sencilla, y puede ver fácilmente qué plantas están creciendo y cuáles no.

Cómo evitarlo:

Mantenga las plantas en hileras. Esto es fácil de hacer con un poco de planificación previa y le facilitará mucho la vida en la fase de crecimiento.

Diferentes requisitos de mantenimiento

Ya debería haber descubierto que el verdadero secreto de la plantación asociada es plantar plantas similares. Es decir, plantar juntos cultivos con necesidades similares. Si planta plantas asociadas con necesidades diferentes, es casi seguro que las cosas irán mal. Algunas plantas requieren que añada tierra adicional durante la temporada de crecimiento, y si las planta con plantas de bajo crecimiento, las plantas de bajo crecimiento quedarán cubiertas.

Cómo evitarlo:

Asegúrese de saber qué necesita la planta antes de plantarla. Un poco de investigación puede contribuir en gran medida al éxito de las plantas y a la reducción de problemas.

Espacio desaprovechado

Si solo dispone de un pequeño espacio en el jardín, la siembra asociada es una forma fantástica de aprovechar al máximo el espacio y aumentar la producción. Sin embargo, si no sabe cómo programar sus cultivos, cuándo y qué cultivar en espaldera y cómo espaciarlo todo, puede desperdiciar mucho espacio.

Cómo evitarlo:

Localice todos los espacios vacíos de su huerto y determine cómo llenarlos. Por ejemplo, cuando plante tomates jóvenes a 1 o 2 pies de distancia, tendrá mucho espacio vacío. Puede rellenarlo con plantas de crecimiento rápido, como lechugas, espinacas o rábanos. Cuando los tomates alcanzan la madurez, ya se pueden cosechar. Si coloca otro cultivo de crecimiento lento, como los pimientos, en un bancal, interpléntelo con albahaca o cebolletas para rellenar los huecos vacíos.

Atraer las mismas plagas o plagas similares

Cuando dos plantas atraen el mismo tipo de plagas, plantarlas juntas es seguro que acabará en desastre. Con una selección de cultivos para atacar en un mismo lugar, es más probable que las plagas se instalen, se reproduzcan y destruyan su jardín. Esto ocurre porque los cultivos tienen el mismo aspecto y/o huelen igual. Por ejemplo, dos miembros de la familia de las brasicáceas, la col y la berza, atraen a los pulgones en grandes cantidades. Si las planta juntas, tendrá un gran problema. Si las intercala con cebollas, alyssum dulce o caléndula, impedirá que esas plagas salten entre sus plantas; mejor aún, plante capuchinas a cierta distancia. Son cultivos trampa que atraen a los pulgones lejos de los cultivos.

Cómo evitarlo:

Seleccione cuidadosamente sus plantas compañeras en función de las plagas que atraen. No plante plantas de la misma familia demasiado cerca unas de otras, como por ejemplo:

- **Familia Brassica:** Brócoli, coles de Bruselas, rábano, coliflor, col rizada, mostaza.
- **Familia Cucurbitaceae:** Calabazas, pepinos, melones, calabacines.
- **Familia Solanaceae:** Patatas, berenjenas, pimientos, tomates.

- **Familia Amaranthaceae o Chenopodiaceae:** Acelga, remolacha, espinaca, quinoa.

Si debe plantarlas cerca unas de otras, siembre plantas acompañantes que sean excelentes para disuadir plagas, o su jardín se verá invadido.

Demasiadas plantas asociadas

Plantar en compañía es divertido, pero es fácil pasarse de la raya cuando se es novato. Cuando añade demasiadas plantas a un arriate, crea más problemas de los que resuelve. El jardín crecerá demasiado y le costará atender cualquiera de sus cultivos; no solo eso, sino que además no podrá ver qué acompañantes están funcionando.

Cómo evitarlo:

Tener un jardín diverso es maravilloso, pero procure que sea sencillo cuando empiece. Pruebe un par de combinaciones por arriate para saber qué funciona y qué no. A medida que adquiera experiencia, podrá experimentar un poco más.

No utilice cubiertas vegetales

La plantación asociada no solo sirve para mantener alejadas las plagas; ciertas plantas actúan como cubierta vegetal para mantener la humedad y las malas hierbas a raya, y como hábitat para insectos beneficiosos. Puede que estas plantas no siempre tengan un aspecto colorido o un olor increíble, pero hacen un trabajo fantástico en el jardín.

Las plantas tapizantes pueden:
- Limitar el crecimiento de malas hierbas
- Cubrir el suelo para mantenerlo caliente
- Elevar otras plantas para reducir la podredumbre cuando los frutos están en contacto con el suelo
- Sustituir una capa de mantillo
- Retener la humedad del suelo durante largos periodos
- Mejore el suelo con el crecimiento de las raíces

Cómo evitarlo:

Si no tiene cubierta vegetal, puede plantar una planta de bajo crecimiento para añadirla a la zona de cultivo. El microtrébol es estupendo y además aporta nutrientes al suelo; el tomillo rastrero es otro compañero resistente. Combínelas con plantas más altas que den sombra donde sea necesario, y la mitad del trabajo lo harán las plantas.

La plantación asociada no es complicada, pero hay que planificarla para minimizar los errores. Antes de elegir sus plantas de compañía, hágase las siguientes preguntas:

- ¿He dado a cada planta espacio suficiente para alcanzar su tamaño completo?
- ¿Lucharán estas plantas por los nutrientes y el agua? ¿Son similares sus necesidades de fertilización?
- ¿Crecerá una planta más que la otra y le hará sombra? En caso afirmativo, ¿la planta más pequeña se beneficia de un poco de sombra? ¿Necesita mucha o poca?
- ¿Qué hace la planta frente a las plagas? ¿Atacarán las mismas plagas a ambas plantas?
- ¿Una de las plantas es alelopática? ¿Atacará a la otra?

Si no crea un plan sólido, puede acabar con una zona catastrófica en su jardín. Sin embargo, si prueba una combinación que no funciona, no se preocupe; ¡todos lo hemos hecho! Si causa demasiados problemas, arranque la planta asociada y vuelva a plantarla en otra parte del jardín.

La plantación asociada lleva su tiempo, pero llevar un cuaderno puede ser de gran ayuda; anote cómo sus plantas funcionan juntas o causan problemas para saber qué hacer la próxima vez.

Por fin lo hemos conseguido: ¡es hora de cosechar!

Capítulo 13: Coseche su huerto ecológico de plantas asociadas

Ha trabajado duro y ahora es el momento de recoger los frutos, esa suculenta cosecha que espera a ser recogida. Pero, ¿cómo saber cuándo es el momento adecuado?

Esta es una de las preguntas más frecuentes que se hacen los jardineros, y es porque la mayoría de los jardineros inexpertos tienen una idea preconcebida del aspecto que tendrán sus frutas y verduras, igual que en el supermercado, ¿verdad?

También recogemos demasiado pronto, impacientes por tener en nuestras manos lo que hemos cultivado, o hacemos lo contrario y lo dejamos para demasiado tarde.

En primer lugar, aquí tiene algunos consejos que le ayudarán con su cosecha:

1. Entre en su huerto a diario

Cuando su cosecha empiece a madurar, todo puede ocurrir simultáneamente; por eso debe estar ahí fuera todos los días. Si no pasea sus plantas con regularidad, se perderá los productos de maduración temprana y dejará que se pudran. Esto atrae plagas y enfermedades, que pronto pueden acabar con su huerto.

Usted no quiere nada de esto, así que revise sus plantas todos los días. Cuando vea frutas y verduras maduras, recójalas. Esto hace dos cosas, le da comida deliciosa para comer, y en algunos casos, puede animar a una planta para continuar la fructificación, tomates y pepinos son dos ejemplos.

2. Escoja plantas pequeñas

¿Cuántas veces ha mirado su calabacín y ha pensado: "*Voy a dejar que crezca un poco más*"? Antes de que se dé cuenta, es enorme, lo que no es bueno. Si deja que las verduras crezcan demasiado, pierden sabor. Las verduras pequeñas saben mejor, son más tiernas y no tienen demasiadas semillas.

Dicho esto, si encuentra un calabacín enorme o un tomate que parece haberse comido una caja entera de hormonas de crecimiento, no los tire; aún puede utilizarlos en su cocina.

Elija pequeños y disfrute de más sabor mientras anima a sus plantas a seguir produciendo.

3. Hágalo con cuidado

Puede hacer que los niños participen en la recolección, pero deben hacerlo con delicadez, no hace falta mucho para magullar frutas y verduras. Hay que recogerlas de la planta con cuidado y colocarlas en el recipiente de la cosecha con más cuidado aún.

No es porque los productos magullados no tengan buen aspecto, sino porque pueden acelerar la putrefacción y acortar la vida útil de la cosecha. Si se le magulla alguno, debe utilizarlo inmediatamente.

4. Asegúrese de que los recipientes de su cosecha son lo suficientemente grandes

Asegúrese de colocar su cosecha en cestas lo suficientemente grandes para reducir la posibilidad de magulladuras, lo que significa que puede traer un poco más cada vez. Los cubos de 5 galones son ideales para las judías, y las cestas grandes (tipo mata) son mejores para las plantas más grandes, como calabazas, berenjenas, pepinos, etc.

Puede utilizar un cesto de ropa si no tiene otra cosa o incluso una carretilla, pero tenga cuidado con las frutas más blandas.

5. Mire por dónde camina

Asegúrese de tener caminos despejados entre sus plantas
https://unsplash.com/photos/1_yycyoMT6g?utm_source=unsplash&utm_medium=referral&utm_content=creditShareLink

Esto es importante, sobre todo si su jardín está bien cultivado. Cree caminos claros entre sus senderos, o tenga cuidado por donde camina. Puede pisar las plantas más pequeñas o las frutas y verduras más bajas. Esto no solo dañará los cultivos, sino que puede abrir la puerta a plagas y enfermedades, acabando rápidamente con su cosecha. Si pisa accidentalmente una hortaliza o fruta, recójala y deshágase de ella inmediatamente.

6. Mantenga el control

Estar al día de todo es difícil cuando se tiene un huerto repleto de plantas diferentes. Necesita saber qué cultivos ha plantado, cada variedad, el momento de cosechar y qué debe buscar en una cosecha.

Elabore un diario de su huerto, puede comprar unos especialmente diseñados para ello o utilizar un cuaderno, y anótelo todo. Cuando conozca toda esta información, sabrá cuándo debe empezar a controlar la cosecha. Puede seguir el crecimiento de las plantas en su agenda y anotar el inicio de la temporada de cosecha para estar preparado para cosechar, pero también saber que no debe alejarse del huerto durante este periodo. Puede ser tentador cosechar demasiado pronto, y no es raro cosechar demasiado tarde, pero anotando cuándo debe cosechar en función del tipo de planta, puede evitar estos problemas comunes.

7. Controle las enfermedades

Cuando las semillas están brotando y justo antes de la cosecha, son dos momentos críticos para detectar cualquier posible enfermedad. Compruebe si hay hojas deformes, decoloración o partes muertas. Revise sus plantas con regularidad; puede ayudarle a detectar los primeros signos de problemas y tomar medidas para corregirlos. Si detecta enfermedades o plagas, fíjese en sus plantas compañeras y decida si podría plantar algo diferente la próxima vez para evitar que vuelva a ocurrir lo mismo.

8. Sea realista

No base sus expectativas sobre las plantas en lo que ve en las tiendas o en los paquetes de semillas. Por ejemplo, las cabezas del brócoli cultivado en casa no suelen ser tan grandes como las de las tiendas. Si tiene expectativas poco realistas, no sabrá cuándo cosechar; estará buscando algo que no existe. Si las deja demasiado tiempo, pronto empezarán a pudrirse.

Saber qué esperar de su cosecha es la forma más fácil de saber cuándo recogerla.

9. Coseche rápidamente los tallos

Los tallos que no están produciendo frutos o flores deben retirarse lo antes posible para permitir que más nutrientes vayan a donde se necesitan. Las hortalizas de hoja y las hierbas aromáticas deben cosecharse pronto para fijar el sabor; si se dejan demasiado tiempo, el sabor se deteriorará a medida que utilicen más nutrientes.

10. Deje que los frutos cuelguen

Las plantas que producen frutos, como las manzanas, los tomates, los pimientos, etc., no deben recolectarse demasiado pronto, o no madurarán del todo. Hay que dejar que maduren del todo antes de cosecharlas; para ello hay que conocer bien las variedades y saber en qué fijarse.

Veamos algunos de los cultivos más populares para que se haga una idea del mejor momento para cosecharlos.

Plantas populares - Épocas y métodos de cosecha

La mayoría de las plantas se pueden cosechar sin necesidad de herramientas especiales, basta con un par de guantes y una cesta. Sin embargo, en algunos casos, puede utilizar podaderas o un cuchillo pequeño para ayudarse. Estas son algunas de las plantas más populares que es probable que cultive y consejos para su recolección.

Hierbas aromáticas

Conozca el aspecto que deben tener sus hierbas cuando estén listas para la cosecha. Después, debería cortarlas con la mayor frecuencia posible y guardarlas en el frigorífico sobre toallas de papel secas para que absorban la humedad. Otra opción es colgarlas en algún lugar fresco y seco donde puedan secarse antes de guardarlas para la cosecha. También puede picar las hierbas y colocarlas en moldes de hielo con aceite. Luego se pueden utilizar individualmente.

Tomates

Los tomates vienen en varios colores y tamaños dependiendo del tipo. Un consejo es que mire el paquete de semillas si los ha cultivado usted mismo, o la etiqueta del vivero puede tener una foto de una planta madura. El fruto debe estar firme, pero ceder un poco al apretarlo suavemente.

Los tomates maduros deben desprenderse del tallo con facilidad. Tire suavemente de ellos; si se desprenden, es que están listos.

Pimientos

Los pimientos también cambian de color a medida que maduran, pero muchas variedades pueden recogerse de cualquier color. Los hay verdes, amarillos, naranjas y rojos. Los pimientos se endulzan con el tiempo, así que cuanto más crecen, más dulces saben. Asegúrese de comprobar la época de recolección de los pimientos que cultiva. Si no tiene cuidado, puede cultivarlos durante demasiado tiempo.

Al cosecharlos, corte los pimientos de la planta en lugar de arrancarlos. Sujete el tallo y retuerza el pimiento si no tiene un cuchillo a mano.

Lechugas

Por lo general, las lechugas pueden recolectarse cuando las hojas miden unos 10 cm, dependiendo de la variedad. Intente recogerlas cuando todavía hace fresco en el exterior; con el calor extremo, la lechuga puede empezar a producir semillas, lo que da a las hojas un sabor amargo.

Las lechugas de hoja deben cosecharse de fuera hacia dentro, mientras que las de cabeza (iceberg, por ejemplo) deben cortarse por el tallo. La mayoría de las lechugas son de cortar y volver, lo que significa que seguirán produciendo.

Judías verdes

Las judías son otro cultivo que sigue produciendo cuando se recogen. Puede disfrutar de una buena cosecha durante toda la temporada con solo unas pocas plantas de judías. Cuando vea flores en las plantas, empiece a revisar; recoja las vainas jóvenes para obtener una judía más dulce. No deje las judías verdes demasiado tiempo, o dejarán de estar tiernas y blandas; compruebe los tiempos de recolección en los paquetes de semillas.

No tire de ellos con demasiada fuerza; podría acabar arrancando toda la planta. Utilice tijeras o tijeras de podar para cortarlas. No recoja las judías por la mañana, ya que es probable que aún estén húmedas y con rocío, lo que puede propagar enfermedades.

Las judías verdes son el ejemplo perfecto de fertilizante natural. Una vez que las plantas hayan terminado de proporcionar judías, córtelas y déjelas en el suelo. Deje que empiecen a morir y excave para enterrarlas, con raíces y todo; es la forma perfecta de aportar nitrógeno a su suelo.

Guisantes

Se trata de un cultivo de prueba y error en lo que respecta a la cosecha. Compruebe los guisantes con regularidad abriendo una vaina y probando los guisantes. Si los guisantes tienen el tamaño deseado, siga cosechándolos; si no, déjelos un poco más. Una vez terminada la cosecha, vuelva a enterrar las plantas de guisantes para aumentar el aporte de nitrógeno.

Melones

En serio, comprobar si un melón está maduro es tan sencillo como golpearlo. Si suena hueco, está listo. Si no quiere hacerlo, huélalo; la mayoría de los melones desprenden un aroma dulce cuando están maduros.

La recolección es tan sencilla como cortar la fruta de la vid.

Sandía

Compruebe la parte que toca el suelo para ver si sus sandías están maduras. Los melones deben ser verdes y rayados y tener una mancha amarillenta en el suelo. La fruta no está madura si esa mancha es blanca o marrón claro. Una vez más, basta con cortarlas de la rama.

Pepinos

Conocer la variedad que ha plantado puede ayudarle a determinar el tamaño de los pepinos. Cuando alcancen ese tamaño, recójalos. Si los deja demasiado tiempo, producirán muchas semillas en su interior y estarán amargos. Revise bien las plantas; son bastante frondosas y es posible que no vea una o dos que se conviertan en frutos enormes.

La recolección se realiza tirando y retorciendo suavemente para arrancarlos. También puede cortarlos con tijeras de podar.

Maíz

Cuando el maíz empiece a formar mazorcas, apriételas suavemente. La mazorca está cubierta por una cáscara, pero debajo se puede sentir el maíz. Cuando las hebras de la cáscara empiecen a secarse, compruebe un grano de maíz si tiene acceso a él. Apriete el grano entre el pulgar y el índice, si sale savia blanca, el maíz está listo.

Las hojas de maíz son fáciles de quitar del tallo cuando están listas.

Raíces

Lleve un registro de todas sus hortalizas de raíz para saber cuándo cosecharlas, ya que es más difícil determinar el momento de la cosecha examinando solo la planta. Cuando esté lista para la cosecha, tira suavemente de una planta para comprobar el tamaño de las hortalizas. En el caso de las zanahorias y las remolachas, puede entresacarlas al principio de la temporada. Esto significa arrancar todas las plantas, de modo que se obtengan zanahorias o remolachas tiernas completamente formadas, que son deliciosas. Esto deja espacio para que crezca el resto de la cosecha, dos cosechas por el precio de una.

Ajo

Compruebe la parte superior de los ajos para saber si ha llegado el momento de cosecharlos. Las puntas pasarán de verde a marrón cuando el ajo esté listo. Una vez retirados de la tierra, no hay que preparar ni limpiar más que colgar los ajos para que se sequen.

Berenjenas

Las berenjenas pueden ser bastante amargas si las deja crecer demasiado. En su lugar, recójalas cuando sean pequeñas y de color morado con un bonito brillo; también deben estar firmes al tacto. No arranque las berenjenas de la planta; destruirá toda la planta. Corte las berenjenas y deje que la planta dedique su energía a producir más frutos.

Cebollas

Las cebollas tardan mucho en madurar; normalmente no recogerá su cosecha hasta el final de la temporada de cultivo. Al igual que con el ajo, observe las puntas; puede cosechar sus cebollas cuando se hayan secado.

Sin embargo, si ve una cebolla con un tallo largo y grueso en el centro y una cabeza de flor, córtela y recójala inmediatamente; si se deja en el suelo, se pondrá dura y puede pudrirse.

La recolección es sencilla: sáquelas de la tierra. Si las va a almacenar durante el invierno, deben estar curadas. Colóquelas en una sola capa con espacio alrededor de cada una y déjelas secar. Si el tiempo es cálido y ventoso, pueden colocarse sobre la tierra para que se sequen.

Patatas

Las patatas están listas para la cosecha cuando las hojas amarillean y se secan. Para ver lo que ha crecido, hurgue en la tierra de la base de la planta; también puede dejar que las plantas se marchiten y desenterrar las patatas.

La cosecha depende del método de cultivo. Si las cultiva en montículos o zanjas, retire con cuidado la planta y excave en la tierra en busca de las patatas. Si utiliza un tenedor, tenga cuidado de no pinchar ninguna. Si se estropea alguna patata, hay que utilizarla rápidamente y no se puede almacenar, porque se pudrirá, una sola patata podrida puede hacer que se pudran todas las demás. Si cultiva sus plantas en bolsas de patatas, póngalas sobre una lona y tamice la tierra.

Zanahorias

Las zanahorias estarán listas para cosechar en unas 7-8 semanas, dependiendo del clima; las variedades más pequeñas no tardarán tanto. Cuando esté listo para cosecharlas, solo tiene que arrancarlas de la tierra. Las zanahorias son robustas, y puede dejarlas en el suelo hasta que esté listo para comerlas en lugar de arrancarlas y almacenarlas, solo tiene que tener cuidado con las heladas.

Sin embargo, a menos que las cultive en un politúnel o su clima sea bastante cálido, no puede dejarlas en el suelo durante el invierno; se congelarán en la tierra.

Col rizada

La col rizada es una planta fácil de cosechar
https://unsplash.com/photos/M8bpp4qQZGg

La col rizada es una planta fácil de cosechar; solo hay que esperar a que las hojas sean lo bastante grandes. Normalmente, tendrán unos 25 cm de largo, aunque si lo prefiere, puede recogerlas un poco más pequeñas.

Coseche primero las hojas exteriores; a las plantas de berza les crecerán hojas nuevas y producirán grandes cantidades a lo largo de la temporada. Suelen ser resistentes y pueden sobrevivir inviernos en el suelo.

Calabaza de verano

La calabaza de verano madura con bastante rapidez, siempre que se polinice con éxito. Los frutos crecen con rapidez y pueden recolectarse del tamaño que se prefiera; cuanto más grandes sean, más semillas tendrán. La mayoría de las variedades de calabaza de verano tardan unos dos meses en madurar.

No conviene arrancar las calabazas, o puede dañar la flor; utilice una cuchilla para cortarlas del tallo (utilice siempre un cuchillo limpio para limitar la propagación de enfermedades de las plantas). Si daña los tallos, es posible que no produzcan más calabazas.

Guisantes

Esta variedad de guisantes puede cosecharse en unas siete semanas. Recójalos pronto, antes de que se vuelvan más duros y fibrosos. Revíselos a diario en la época de la cosecha.

No tire de las vainas para arrancarlas, ya que dañaría la planta. Deben desprenderse con facilidad.

Coles de Bruselas

Los brotes suelen estar listos para cosechar cuando tienen entre uno y dos centímetros de diámetro. Sin embargo, son de crecimiento lento, así que ten paciencia. Normalmente, no se cosechan hasta el final de la temporada.

Arranque los brotes a medida que los necesite o coseche toda la planta para mantener alejadas las plagas. Se pueden escaldar, congelar o guardar en el frigorífico hasta dos semanas.

Remolachas

Las remolachas pueden cosecharse tiernas o maduras. El tiempo medio de maduración depende de la variedad que haya cultivado, así que compruebe el paquete de semillas. Si las deja demasiado tiempo, se pondrán duras y no sabrán muy bien. Al igual que las zanahorias, no pueden congelarse en el suelo, pero una helada no les hará daño.

Cosecharlas no es más difícil que arrancarlas de la tierra. También puede comer las hojas; añádalas a las ensaladas o saltéelas con un poco de sal y ajo.

Espinacas

La mayoría de las variedades de espinacas se atrofian rápidamente, así que vigílelas y recoja las hojas lo más a menudo posible.

Arranque la planta y utilice las hojas si parece que se va a atrofiar. De lo contrario, coseche las hojas a medida que las necesite y volverán a crecer.

Vigile constantemente su huerto; pronto sabrá lo que está listo para cosechar y lo que no. Así evitará que las plantas se atornillen o que los frutos se amarguen por haberlas dejado demasiado tiempo.

Bonus: Recetas de abonos orgánicos

Los fertilizantes orgánicos están disponibles en casi todos los viveros o centros de jardinería, pero ¿por qué comprarlos cuando puede hacerlos usted mismo? Nuestro último capítulo le ofrece algunos abonos orgánicos fáciles de hacer utilizando lo que normalmente tiraría a la basura.

Té de recortes de hierba

Los recortes de hierba fresca están llenos de nitrógeno, y no debería añadir demasiado a su pila de composta. Sin embargo, puede utilizarlos como mantillo; no los ponga demasiado cerca de sus plantas, ya que la hierba es ácida y puede quemarlas. No coloque los recortes a más de cinco centímetros de profundidad; de lo contrario, se convertirán en un amasijo húmedo que no dejará pasar el oxígeno y puede enmohecer las plantas. También puede preparar un té de nitrógeno para alimentar a sus plantas:

1. Tome un cubo de cinco galones y llénelo un tercio con recortes frescos. Llene el resto del cubo con agua limpia.
2. Déjelo durante dos semanas, removiendo de vez en cuando.
3. Cuele la hierba del líquido y mezcle una parte de té de hierba por cinco de agua; debe quedar como un té suave. Debe aplicarse al nivel del suelo, no sobre las hojas.

Té de estiércol

Si puede conseguir estiércol fresco de ganado, puede preparar un té que a sus plantas les encantará:

1. Llene un tercio de un recipiente con estiércol y dos tercios con agua.
2. Déjelo durante tres días, removiendo de vez en cuando.
3. Cuele la infusión y tire el estiércol en el montón de compost
4. Diluya el líquido con agua hasta que se convierta en un líquido transparente de color marrón pálido.
5. Una vez más, esto debe aplicarse a nivel del suelo, no sobre las hojas, especialmente en espinacas, lechugas y brásicas.

Té de diente de león

Los dientes de león están llenos de potasio que las plantas necesitan para la fotosíntesis, y puede utilizar toda la planta para hacer té:

1. Coseche los dientes de león, la parte superior de toda la planta; usted decide. NO utilice ninguno que haya sido rociado con herbicida.
2. Ponga un buen puñado de dientes de león en un cubo de cinco galones y llénelo de agua.
3. Tápelo y déjelo así durante tres o cuatro semanas, removiendo de vez en cuando. A medida que los dientes de león se descompongan, es posible que se perciba un olor y el agua se ennegrezca.
4. Cuele y deseche los dientes de león en su compostador.
5. Diluya la infusión hasta que adquiera un color claro y aplíquela al nivel del suelo. Esto animará a la planta a florecer y producir frutos.

Un consejo sobre los dientes de león: Evite rociarlos con productos químicos, y no los recoja ni los siegue demasiado pronto en la temporada. Suelen ser la primera fuente de alimento para polinizadores como las abejas; si los matas, estas no podrán alimentarse.

Té de cáscara de plátano

Otra gran manera de alimentar a sus plantas con potasio es hacer té de cáscaras de plátano.

1. Reúna suficientes cáscaras de plátano para llenar un recipiente. Si no come tantos plátanos, trocee las cáscaras de los que sí coma y congélelas. Cuando tenga suficientes, échelas en el recipiente.
2. Llene el recipiente con agua y déjelas durante una o dos semanas.
3. Dele un buen revuelto y luego cuélelo; las cáscaras restantes pueden ir a su montón de composta, y el té puede diluirse una parte en cinco partes de agua hasta que tenga un color claro.
4. Utilícelo a nivel del suelo hasta que sea necesario, o como spray para disuadir a los pulgones.

Cáscaras de huevo trituradas

Las cáscaras de huevo están llenas de calcio y pueden ayudar a elevar el pH del suelo. Sin embargo, si las tira en el jardín o en el compostero, no se descompondrán en años, lo que significa que el calcio no estará fácilmente disponible. La forma más rápida de solucionar esto es triturarlas o molerlas:

1. Guarde sus cáscaras de huevo y extiéndalas sobre una bandeja de horno. Cuando el horno esté encendido, meta la bandeja y seque las cáscaras de huevo durante unos minutos hasta que estén quebradizas. Esto también acabará con la bacteria de la salmonela.
2. Triture las cáscaras de huevo hasta obtener un polvo o una pasta fina.
3. Aplíquelas como abono alrededor de las plantas que necesiten calcio, introdúzcalas en el suelo o añádalas a uno de los tés fertilizantes.

Posos de café

Los posos de café suelen tirarse a la basura, pero son un gran fertilizante repleto de magnesio, nitrógeno y potasio.

1. Esparza los posos de café en una bandeja y deje que se sequen.
2. Una vez seca, puede espolvorearla con moderación alrededor de sus plantas.

3. También puede añadirlos a una de las infusiones mencionadas anteriormente.

Son perfectos para las plantas que adoran el ácido, es decir, rododendros, azaleas, arándanos y rosas.

Sales de Epsom

La mayoría de la gente tiene una caja de estas por ahí; si no, son fáciles de conseguir. Están llenas de dos nutrientes secundarios: azufre y magnesio.

1. Añada una cucharada de sal de Epsom a un galón de agua y remuévala bien para disolver la sal.
2. Utilícela para regar sus plantas una vez al mes durante toda la temporada, especialmente tomates, patatas, pimientos y rosas.

Abono de vinagre

El vinagre añade acidez a la tierra. Si tiene plantas que necesitan un suelo rico en acidez, el vinagre blanco es una de las mejores cosas que puede añadir a su abono. El vinagre es ideal para las plantas de interior, ya que no daña a los niños ni a las mascotas.

1. Añada una taza de vinagre blanco a un galón de agua y remuévalo
2. Riegue sus plantas con vinagre una vez cada tres meses.

Nunca utilice vinagre sin diluir en sus plantas, ya que las matará.

Montón de composta

Hacer un montón de composta es una de las mejores maneras de alimentar y fertilizar su suelo. Puede hacerlo directamente en el suelo, construir o comprar un compostador adecuado, o simplemente utilizar un cubo. Eche todos los restos de verduras y frutas, algunos recortes de hierba y cualquier otro material compostable; asegúrese de añadir cartón, periódico o papel triturado, ya que esto equilibra la compostera y ayuda a que se convierta más rápido. Añada un poco de agua de vez en cuando y gírela para acelerar el compostaje. También puede comprar compostadores giratorios, añada el material, ciérrelo y gire la manivela.

Aunque se tarda un poco en hacer composta, cuando esté lista, alimentará su suelo con microorganismos y nutrientes que ayudarán a alimentar sus plantas durante la próxima temporada.

Mezcla y combina

Los abonos comerciales suelen ser una combinación de nutrientes, y puede emular esto en su propia casa:

- Cuando prepare la infusión para cortar la hierba, añada una cucharada de sales de Epsom y un poco de cáscara de plátano al recipiente.
- Combine las infusiones de diente de león y hierba cortada y añada una buena dosis de cáscaras de huevo trituradas.

Póngase creativo, diviértase y tome muchas notas para saber qué funciona el año que viene.

Conclusión

Tanto si no sabe nada sobre la siembra asociada y la jardinería como si ya tiene experiencia, espero que ahora tenga más conocimientos para ponerlos en práctica.

La plantación asociada es una parte importante de la jardinería. No se trata de embellecer el jardín, aunque si se hace correctamente, puede tener un efecto visual impresionante. Se trata de cultivar un huerto ecológico, de utilizar las plantas para mantener a raya las plagas y controlar las malas hierbas sin utilizar productos químicos. Se trata de ayudar a la estructura del suelo, alimentarlo con nutrientes y ayudar a otras plantas a prosperar y producir una cosecha abundante y sana.

Esta guía de fácil lectura le ofrece información sobre todo lo que necesita saber, incluyendo:

- Qué es la siembra asociada y cómo empezó todo
- Cómo planificar su huerto
- Qué plantas son buenas compañeras y cuáles no
- Cómo se ayudan unas plantas a otras
- La diferencia entre plantar a partir de semillas o comprar plantas de inicio
- Cómo plantar el huerto
- Cómo cuidar el huerto
- Cómo recoger la cosecha
- Cómo fabricar y utilizar abonos orgánicos

Si es usted principiante, esperamos que este libro haya despertado su pasión por salir al aire libre, ensuciarse las manos y cultivar un huerto ecológico precioso y saludable.

Segunda Parte: Cactus y Suculentas

Una guía detallada para maximizar el rendimiento, la calidad y la belleza, así como las mejores asociaciones de cultivos para principiantes

Introducción

Los cactus y suculentas han existido durante generaciones, pero ¿sabías que han pasado sólo unos cientos de años desde que los humanos comenzaron a cultivar en casa estas plantas espinosas? En términos generales, el cultivo de cactus está todavía en tu infancia. El progreso del cultivo de suculentas ha sido todo menos constante a lo largo de los siglos. Recientemente alcanzó un nuevo máximo en el gráfico. Pero eso no significa que los humanos no sepamos mucho sobre estas plantas de hojas gruesas.

En este libro explorarás todo lo que la humanidad ha logrado aprender sobre cactus y suculentas: qué son, qué los hace únicos, tus nombres científicos, tus usos en ecología y en el hogar, así como una explicación de por qué deberías empezar a cultivar estas delicias retenedoras de agua si aún no has comenzado tu propio jardín.

Una vez que estés animado y listo para comenzar tu camino como criador de cactus y suculentas, conocerás las diversas especies que se originaron en el Salvaje Oeste, los hábitats naturales de las mismas, y cómo domesticarlas. Después de todo, viven en algunas de las condiciones más duras que se conocen. ¿Adaptarse al ambiente más tolerable de tu casa podría causar algún problema a estas plantas?

Luego, nos sumergiremos en los rincones más profundos del proceso de plantación de cactus y suculentas, cómo se pueden cultivar a partir de diferentes medios básicos, tu ciclo de riego, tu necesidad de fertilizantes y tu mantenimiento general. Cultivar y mantener cactus y suculentas es mucho más fácil que cultivar y cuidar otros tipos de plantas, por lo que puedes empezar a obtener los beneficios de estas plantas espinosas en poco tiempo.

Tan pronto como tengas tu primera suculenta completamente desarrollada y floreciendo en todo tu esplendor, sentirás la necesidad de cultivar otra. No es necesario seguir el mismo largo procedimiento para desarrollar tu segundo cactus. Más adelante en el libro, aprenderás el arte de la propagación y encontrarás una guía detallada sobre la clonación.

Cuando hayas terminado de leer, no sólo podrás afrontar cualquier desafío que puedas enfrentar después del cultivo, sino que también tendrás a tu disposición una breve lista de algunos de las mejores asociaciones entre cactus y suculentas.

A pesar de la naturaleza complicada de estas plantas vivas bulbosas y tu importancia biológica, la información contenida en este libro le resultará precisa y sorprendentemente fácil de comprender. Es perfecto para principiantes, pero un horticultor experimentado también encontrará aquí algunos datos y técnicas esclarecedoras. Prepárate para disfrutar de una gran cantidad de conocimientos sobre cactus y suculentas, acompañados de ilustraciones espectacularmente vívidas, que te llevarán a este fascinante mundo.

Capítulo 1: El fascinante mundo de los cactus y las suculentas

Los cactus y las suculentas no son demasiado distintas, pero tampoco son iguales. Todo cactus es una suculenta, pero es posible que no todas las suculentas sean cactus. Es como decir que todo ser humano es un animal, pero no todos los animales son seres humanos. "Cactus" es el nombre que recibe una familia botánica, mientras que una suculenta es un grupo de plantas del cual forman parte los cactus.

Quizás sepas cómo son los cactus. Después de todo, han sido descritos en varias novelas y mostrados en varias películas de Hollywood. Son protuberancias verdes y espinosas que brotan del suelo, desprovistas de hojas, y que se encuentran típicamente en un desierto.

Bastante insípidos en la superficie, pero ¿sabías que pueden producir algunas de las flores más hermosas? Los colores de estas flores son tu característica más destacable. Desde un rosa brillante hasta un azul zafiro, un mar de cactus adultos es un caleidoscopio vibrante de colores centelleantes que complacerá incluso al ojo menos artístico.

Los cactus almacenan agua en tus espinosos tallos. Estas espinas actúan como hojas (en realidad no lo son) y realizan la fotosíntesis cuando es necesario. Las suculentas que no son cactus, por otro lado, suelen tener hojas que pueden almacenar agua y otros nutrientes.

Dicho esto, hay suculentas con espinas que no son cactus. En esencia, la ausencia de hojas es uno de los pocos rasgos diferenciadores entre cactus y suculentas.

Los cactus son originarios de las tierras áridas del Nuevo Mundo, o como se le llama hoy, América. En otras partes del mundo se cultivan domésticamente, no de forma natural. Esto se debe a que son de las plantas más fáciles de cuidar.

Un mar de cactus adultos es un caleidoscopio vibrante de colores centelleantes que complacerá incluso al ojo menos artístico
https://pixabay.com/photos/cactus-flower-botanical-desert-2721269/

Una breve historia de cactus y suculentas

Hoy en día, la mayoría de la gente relaciona el cactus con una planta espinosa que se encuentra en las regiones áridas. Pero el nombre se usó originalmente en griego como káktos mucho antes de que se descubriera el cactus en América. Káktos es una planta de cardo espinoso que se encuentra comúnmente en toda Europa, el norte de África y las regiones occidentales de Asia. Intrínsecamente, no están asociados de ninguna manera con los cactus y tienen taxonomías completamente diferentes. Sólo comparten nombres y tallos similares.

El cactus forma parte de la familia de plantas Cactaceae, una familia con una historia antigua que se remonta a millones de años. Sin embargo, el cactus que conocemos y amamos hoy en día es relativamente nuevo, ya que aún no se han encontrado fósiles de los mismos.

Todas las especies de cactus, excepto el Rhipsalis baccifera, que se encuentra en África y Sri Lanka, crecen naturalmente sólo en América.

Este hecho ha dado lugar a una interesante teoría. En una época muy pasada, una era en la que los dinosaurios vagaban por la Tierra, no había continentes, sólo una masa de tierra extensa y única, que podríamos llamar un supercontinente. Esta masa de tierra no tenía cactus, sólo plantas antiguas, muchas de las cuales ahora ya están extintas.

Luego, hace unos 200 millones de años, se produjo la fragmentación del mundo. Un enorme trozo flotó muy hacia el oeste, y fue allí donde los primeros rastros de cactus se asomaron y arañaron tu camino hacia la vida. Esta enorme porción es ahora el continente americano. Dado que los cactus se originaron después de esta pausa, tu crecimiento natural no ocurre en ningún otro lugar del mundo.

Los cactus actuales se remontan a la civilización azteca (principios del siglo XV), gracias a tus dibujos claros y precisos. La representación pictórica más destacada (que también se encuentra en el escudo de armas de México) muestra un águila majestuosa posada sobre un clásico cactus de tres tallos. Cuando Cristóbal Colón descubrió América, llevó la primera planta de cactus a Europa en tu viaje de regreso.

Las plantas suculentas se llaman así por tu asombrosa capacidad para retener agua en tus tallos y hojas (sucus en latín significa "savia"). Al reputado explorador portugués Vasco da Gama se le atribuye el descubrimiento de suculentas en la parte suroeste de África. Probablemente sucedió aproximadamente al mismo tiempo que Colón descubrió América.

Las suculentas, como los cactus, crecieron por primera vez en las regiones áridas y semiáridas del mundo, pero a diferencia de los cactus, se encuentran naturalmente no sólo en América, sino también en África, Europa y varias zonas de Asia.

Dado que las suculentas y los cactus estuvieron presentes hace cientos, e incluso miles, de años, alguna vez fueron (en muchos casos, todavía lo son) una parte integral de muchas culturas.

Relevancia cultural

Las raíces del cactus están profundamente arraigadas en la cultura de México. Después de todo, los primeros que vieron estas plantas en la civilización moderna fueron los aztecas. Como sabrás, el Imperio azteca se extendió por la parte central de lo que hoy se llama México. De hecho, la especie de cactus más común en México, el nopal, fue el núcleo de la fundación de la civilización azteca. Así es como va la historia (o el mito, si así prefieres llamarle).

Los Aztecas y México

Los aztecas eran nativos de un lugar llamado Aztlán, del que se rumoreaba que estaba en algún lugar del sur de los Estados Unidos. Partieron hacia el sur cuando tu dios del sol y la guerra, Huitzilopochtli, les ordenó abandonar Aztlán y encontrar un nuevo hogar. El dios les había dado un signo (cuando vieran a un águila devorando una serpiente encima de un nopal) de donde debían comenzar tu civilización. Encontraron ese hito en lo que hoy se llama Ciudad de México.

Hoy en día, además de ser parte del emblema nacional de México, el cactus también tiene un impacto significativo en la cultura de tu gente. Muchos la consideran la "planta de la vida", ya que puede sobrevivir sin agua, aparentemente, varios años (en realidad, puede sobrevivir uno o dos meses). Es un símbolo de esperanza para muchos porque, después de soportar varios obstáculos, los aztecas finalmente pudieron encontrar tu hogar.

Para los nativos americanos

Los vecinos de al norte de México, los nativos americanos, también tienen un gran respeto por los cactus. tus leyendas son más o menos así: el cactus nació después de que una mujer se enterró viva en el suelo. Se cree que surgió del suelo como un magnífico cactus con los brazos extendidos hacia el cielo. Un hermoso círculo de flores adornaba tu cabeza cada primavera, seguido de una cosecha de suntuosos frutos llamados bahidaj.

Los nativos americanos consideran sagrado el cactus por tu capacidad de sustentar tu propia vida y la de los demás a través de tu fruto. tu mitología y la belleza de tus flores también aportan consuelo espiritual a tus vidas. La afinidad de los nativos americanos por los cactus está representada artísticamente por el pintor del siglo XX Ted DeGrazia en muchas de tus obras.

Para los japoneses

Aunque los cactus no se encuentran naturalmente en Japón, se cultivan en todo el país. El hanakotoba, o el arte de aprender el lenguaje de las flores, representa a las flores del cactus como un símbolo de la lujuria sexual. Cuando un hombre le regala un cactus a una mujer, implica que está interesado románticamente en ella.

Para los chinos

En la práctica china del Feng Shui, se considera que los cactus traen mala suerte. Sin embargo, si se colocan en el porche o en el patio trasero, se cree que los cactus repelen la mala suerte de exteriores, manteniendo la casa libre de energía negativa.

Las suculentas

Cada suculenta tiene diferentes significados en muchas culturas. El aloe vera era un símbolo de belleza para los antiguos egipcios y se utilizaba para curar heridas durante el reinado de Alejandro Magno. La planta de jade es conocida como "planta de la fortuna" o "árbol del dinero" en varias culturas. Se cree que trae energía positiva a la casa.

La dracaena trifasciata (planta serpiente) está asociada con tormentas y generalmente se cree que mejora la calidad del aire en tus alrededores. La echeveria elegans (bola de nieve mexicana) es originaria de la región noreste de México y suele simbolizar fuerza y resistencia.

Es posible que todas estas increíbles afirmaciones culturales y mitológicas sobre el poder de los cactus y las suculentas hagan que te preguntes si existen pruebas científicas de las mismas.

Cada suculenta tiene diferentes significados en muchas culturas
https://www.pexels.com/photo/assorted-color-flowers-2132227/

Importancia científica

No fue hasta que Colón llevó el primer cactus al Viejo Mundo (en el siglo XV) que se generó interés científico por la planta. Desde entonces, hemos descubierto mucho sobre las suculentas en general.

Las plantas suelen necesitar bastante humedad para sobrevivir. Sin embargo, las suculentas, pueden prosperar sin agua durante casi tres meses. El secreto está en tus tallos y tus hojas, que son gruesos y carnosos. Cuando encuentran humedad en el suelo, no se beben toda el agua de una vez. Almacenan el exceso de agua en tus tallos y hojas, por cual inflan los mismos como globos.

Visualmente, puedes diferenciar los cactus de otras suculentas por la presencia de areolas. Son protuberancias en el tallo de la planta, parecidas al acné, de las cuales salen espinas. Otra parte importante de la planta es el cuello, que conecta el tallo con las raíces.

Al igual que otras plantas, los cactus y las suculentas también realizan la fotosíntesis, pero el proceso se realiza de forma inversa. En otras plantas, la transpiración (absorción de dióxido de carbono) ocurre durante el día, pero en las suculentas el proceso se realiza por la noche. Se hace para evitar la pérdida de la humedad almacenada en tus tallos.

Se sabe que las suculentas tienen varios usos medicinales. tus propiedades antivirales y antibacterianas previenen la aparición de diversas infecciones y enfermedades. ¿Tiendes a orinar más de lo habitual? Podría deberse a problemas de próstata, que los cactus pueden ayudar a curar. También son valiosos para mantener bajo control los niveles de azúcar en sangre.

Sus frutos (cuando son comestibles) contienen vitamina C en abundancia, lo que te garantiza aumentar tu inmunidad en contra de la mayoría de las enfermedades. Muchas de tus especies son ricas en antioxidantes y también tienen propiedades antiinflamatorias.

Además, los diferentes frutos que producen los cactus y suculentas son generalmente comestibles, y las plantas también se utilizan como forraje para el ganado. Pero estas no son las razones por las que son inclusiones populares en jardinería y horticultura.

Entrada a la Jardinería y Horticultura

Durante generaciones, los humanos han estado fascinados por la apariencia de los cactus. Desde tus comprobados usos medicinales hasta tus probables poderes curativos, estas plantas han impactado a varias sectas de personas y culturas durante siglos. Para traer estos beneficios científicos, espirituales y visuales a tus vidas, la gente comenzó a buscar formas de acercar las suculentas a casa.

Dado que las personas que se alojaban en otros lugares fuera de América no podían acceder fácilmente a las plantas, no les llevó mucho tiempo descubrir cómo cultivar cactus y suculentas en tus patios privados o invernaderos y, para tu deleite, fue relativamente fácil hacer crecer las plantas y más fácil aún cuidarlas.

Un punto importante para tener en cuenta: si bien los cactus son biológicamente solo suculentas, en el mundo de la jardinería y la horticultura, las suculentas y los cactus son dos entidades diferentes. Si dices que estás cultivando suculentas, otro jardinero entenderá que estás cultivando cualquier cosa menos cactus. Si estás cultivando cactus, no digas que estás cultivando suculentas. Habla específicamente de los cactus.

Dicho esto, en el pasado, las espinas de las suculentas y su apariencia general pueden haber mantenido desinteresados a muchos aspirantes a jardineros y horticultores. No se cultivaban con tanta frecuencia como se podría pensar antes del siglo XX, aunque en los últimos treinta años su popularidad se ha disparado, especialmente después de la llegada de las redes sociales.

Hoy en día, mostrar las suculentas de cosecha propia se ha convertido en una tendencia, y cientos de personas siguen varias variantes de hashtags de cactus todos los días. Si bien no hay nada de malo en seguir una tendencia, no es necesario seguirla ciegamente. Conoce lo que estás cultivando antes de comenzar.

Taxonomía y clasificación

Las suculentas se encuentran en más de 60 familias de plantas diferentes. Las familias que contienen principalmente suculentas incluyen Cactaceae, Crassulaceae, Agavoideae y Aizoaceae. Cactaceae, como ya sabrás, es el cactus más habitual, con tus areolas y espinas. Incluye más de 125 géneros y poco más de 1600 especies de suculentas. La única especie que se encuentra naturalmente más allá de América es la Rhipsalis baccifera. Se considera que también fue originaria del Nuevo Mundo, pero es posible que haya migrado a África y Sri Lanka a través de la polinización.

- **Crasuláceas**

También llamadas familia de los cultivos de piedra, es probable que las Crassulaceae crezcan en cualquier región árida del mundo. Tienen hojas suculentas que realizan la fotosíntesis a través del metabolismo del ácido crasuláceo (CAM), un proceso similar al de los cactus con transpiración nocturna. Se sabe que esta familia está formada por alrededor de 1300 especies de suculentas.

Es probable que las Crassulaceae (familia de los cultivos de piedra) crezcan en cualquier región árida del mundo

Burkhard Mücke, CC BY-SA 4.0<https://creativecommons.org/licenses/by-sa/4.0>, vía Wikimedia Commons: https://commons.wikimedia.org/wiki/File:Jard%C3%ADn_Bot%C3%A1nico_Mexico_City_82.jpg

- **Agavoideas**

Esta es una subfamilia de la familia de plantas de los espárragos. De tus 600 especies, 300 son suculentas. Se encuentran principalmente en América, pero pueden crecer en cualquier lugar de los trópicos.

Agavoideae es una subfamilia de la familia de plantas de los espárragos

Pamla J. Eisenberg de Anaheim, EE. UU., CC BY-SA 2.0<https://creativecommons.org/licenses/by-sa/2.0>, a través de Wikimedia Commons: https://commons.wikimedia.org/wiki/File:Agave,_Victoria_Regina,_Huntington.jpg

- Aizoáceas

Esta es una de las familias más grandes de suculentas, con casi 2000 especies diferentes. Muchas de estas especies se llaman plantas de hielo, ya que cuando las miras bajo el sol, puedes verlas brillar como cristales de hielo. Aizoaceae también se llama familia de las piedras porque, en una tierra llena de rocas y guijarros, será difícil señalar estas plantas de hielo.

Aizoaceae es una de las familias más grandes de suculentas, con casi 2000 especies diferentes
Seweryn Olkowicz, CC BY-SA 2.5<https://creativecommons.org/licenses/by-sa/2.5>, a través de Wikimedia Commons: https://commons.wikimedia.org/wiki/File:Aizoaceae_species_Greece.jpg

Con miles de especies a considerar, a veces resulta difícil diferenciar las suculentas de otras plantas. Es necesario estar atento a tus características individuales.

Características únicas

Las suculentas clasificadas como cactus son fáciles de identificar. ¿El espécimen contiene espinas y areolas en un tallo hinchado y desprovisto de hojas? Entonces definitivamente es un cactus. ¡Lo que a veces resulta difícil es reconocer otras suculentas!

- Tienen tallos carnosos

Toca y aprieta su tallo. ¿Es grueso? ¿Se siente carnoso, como una fruta regordeta? Es el tejido blando de las suculentas el que les ayuda a almacenar agua de manera eficiente.

- **Sobreviven sin agua**

¿Puede la planta sobrevivir sin agua durante varias semanas? Riégala una vez y espera unos siete días. ¿Está tan fresca y saludable como el primer día?

- **Resisten el calor**

La mayoría de las plantas se marchitan o mueren con el calor extremo. ¿Tu planta parece prosperar en ambientes desérticos? Si es así, es casi seguro que sea una suculenta, ya que probablemente tenga espinas no visibles al ojo desnudo, pero sí lo suficientemente grandes como para mantener la planta protegida del calor excesivo.

- **Prosperan en suelo arenoso**

A diferencia de muchas otras plantas, las suculentas no necesitan mucha agua. Coloca tu planta en arena y riégala una vez. ¿Ha sobrevivido durante una semana o dos?

Importancia ecológica

Las suculentas no sólo se ven bien. También impactan positivamente el medio ambiente que las rodea. Dado que crecen en un clima seco y cálido donde ninguna otra planta puede sobrevivir, son una gran fuente de refugio para la fauna que habita la región. Muchas especies de cactus pueden utilizarse como forraje para el ganado doméstico, pero pueden resultar desagradables y perjudiciales para el consumo humano. El fruto de algunas suculentas es comestible, pero no se recomienda consumir crudo el de muchas otras.

La cochinilla es una de las pocas especies que se ha adaptado para sobrevivir del agua y los nutrientes de los cactus. Se alimenta de la planta hasta el fondo mientras se protege de los depredadores secretando ácido carmínico. Este ácido se utiliza en la producción de tinte rojo (utilizado principalmente en colorantes alimentarios y en la producción de lápices labiales). Por lo general, no encontrarás solo una sola cochinilla en un cactus, ya que se reproduce y multiplica en varios más mientras está posada en la planta.

Las suculentas absorben decentemente dióxido de carbono y, dado que suelen vivir más de 100 años, son una excelente manera de combatir la creciente amenaza del calentamiento global. Sin lugar a dudas un árbol almacena más CO_2 que un cactus, pero este último es más fácil de cultivar, de cuidar y ocupa menos espacio, por lo que seguramente podrías usar uno para reducir tu huella de carbono.

Variedades comunes de cactus y suculentas y tus beneficios

¿Sabías que existen más de 10.000 especies de suculentas en el mundo? De ellas, hay cerca de 1.700 especies de cactus, desde el saguaro, venerado espiritualmente, hasta el alucinógeno peyote.

Las especies suculentas suelen diferir en forma y en la presencia o ausencia de hojas, espinas, púas y areolas. Su tallo puede ser una esfera perfecta o tan plano y grueso como una tortita. Pero todos tienen dos cosas en común: su capacidad de almacenar agua y el venir de regiones áridas o semiáridas.

No todas las especies de suculentas crecen sin las condiciones climáticas necesarias. Los tipos más preferidos por los jardineros y horticultores para su cultivo son los siguientes:

- **Planta de jade**

El nombre científico de la planta de jade es Crassula ovata. Es originaria de Sudáfrica, pero se cultiva popularmente en todo el mundo. Desde lejos parece un bonsái, pero debido a tus hojas gruesas no se puede podar fácilmente como tal. tus hojas son donde almacena agua.

El nombre científico de la planta de jade es Crassula ovata
https://pixabay.com/photos/jade-succulent-green-plant-5220309/

Muchos amantes de las suculentas prefieren cultivar esta planta en abundancia debido a la facilidad con la que se puede cultivar y también porque requiere poco mantenimiento. Es mejor conocida por tus propiedades curativas, ya que sirve para curar la diarrea y las náuseas.

- **Aloe vera**

El aloe vera es famoso por tus beneficios para el cuidado de la piel, ya que te ayuda a lucir más joven y sin arrugas independientemente de tu edad. También puede reducir la recurrencia de cualquier acné persistente. La secreción de color amarillo de la planta, llamada látex de aloe, puede aliviar el estreñimiento. Pero no lo tomes con demasiada frecuencia, ya que puede dañar tus riñones e incluso resultar fatal.

El aloe vera es muy fácil de cultivar y cuidar
https://pixabay.com/photos/aloe-vera-succulent-cactus-botany-678040/

El aloe vera crece de forma natural en la región noreste de Omán y la parte oriental de los Emiratos Árabes Unidos. Se puede cultivar en cualquier lugar excepto en lugares con inviernos nevados prolongados. Se cultiva principalmente con fines ornamentales, ya que las hojas son largas, gruesas y verdes con un borde irregular. También es sencillo de cultivar y nutrir.

- **Cola de burro**

Sedum morganianum es su nombre científico. Se llama cola de burro porque su tallo cuelga de la maceta como la cola de un burro. Pertenece a la familia Crassulaceae y su hábitat natural se encuentra en el sur de México. Por su singular aspecto colgante, se cuelgan tus macetas de los techos para dejar que tus tallos caigan libremente.

Se llama cola de burro porque su tallo cuelga de la maceta como la cola de un burro
https://pixabay.com/photos/burros-tail-succulent-plant-6787172/

La cola de burro no tiene ningún beneficio científico o medicinal per se, pero cualquier persona que pase por tu casa seguramente echará un segundo vistazo a la planta suspendida magníficamente en tu patio. También se cree que limpia el entorno de energía negativa, manteniendo la puerta abierta a la positividad.

- **Cactus oreja de conejo**

Científicamente conocido como Opuntia microdasys, las hojas del cactus oreja de conejo tienen la forma de orejas de conejo o alas de ángel, lo que más te guste visualizar. Además de la evidente apariencia encantadora de la planta, la goma que segrega su tallo se utiliza para crear velas. Además, si hierves los tallos en agua, la sopa se puede mezclar con yeso para crear un revestimiento de pared sólido que no se desprende con el tiempo.

Las hojas del cactus oreja de conejo tienen la forma de orejas de un conejo o alas de un ángel, lo que más te guste

https://unsplash.com/photos/SBKdiLOmylc

El cactus oreja de conejo es un recolector de niebla natural, lo que significa que puede atrapar y almacenar agua de la niebla. Es autóctono de las regiones desérticas de México. Una advertencia justa: las finas y diminutas espinas de los tallos del cactus pueden provocar picazón prolongada en la piel si se tocan. Se recomienda eliminarlos poco después de que crezcan.

- **Planta Serpiente**

Como su nombre indica, la planta serpiente tiene la forma de una serpiente esbelta y sin extremidades. Llamada científicamente Dracaena trifasciata, no tiene tallos visibles. Por tanto, el almacenamiento de agua y la fotosíntesis se producen en tus hojas. Es una de las pocas suculentas que puede prosperar en un ambiente relativamente oscuro, lo que la hace perfecta para macetas en interiores donde hay poca luz solar.

La planta serpiente tiene la forma de una serpiente esbelta y sin extremidades
https://unsplash.com/photos/iIuyXTcEBTI

Para aquellos que desean algo más que el atractivo ornamental de la planta serpiente, duerman en la habitación donde está colocada. Te despertarás con un olor fresco y puro en el aire. De hecho, se ha demostrado en varias investigaciones que la planta filtra el aire de su entorno. Originaria de África occidental, los nativos la utilizan a menudo para aliviar las infecciones de oído.

- **Nopal**

El nopal, u Opuntia, se encuentra entre los cactus más cultivados en el planeta, gracias a tus flores brillantes y semiopacas y a tus deliciosos frutos. tus tallos suelen tener forma de almohadilla, similar al cactus oreja de conejo. El crecimiento inicial de estas almohadillas es tan hermoso como tus flores. Comienza como un pequeño brote de color rosado que crece hasta convertirse en un tallo grande, plano y ovalado.

Opuntia, se encuentra entre los cactus más cultivados en el planeta, gracias a tus flores brillantes y semiopacas, así como a tus deliciosos frutos
https://unsplash.com/photos/DX_WW_J9Yh8

La tuna, como también se conoce al nopal, es originaria de muchas regiones del continente americano, tales como México, Estados Unidos y las islas del Caribe. Su fruto es popular en tus tierras nativas y más allá. Si has comido una fruta de cactus, lo más probable es que provenga de una tuna.

Sus probables usos medicinales incluyen reducir la inflamación, curar heridas e incluso reducir el riesgo de diabetes y obesidad. Los otros usos bien probados de la Opuntia son la producción de tintes de cochinilla, forraje para animales, una alternativa al cuero, combustible y producción de bioplásticos. Además, es uno de los cactus de exterior más fáciles de cultivar en tu patio trasero.

Como habrás notado, dos beneficios evidentes de los cactus y suculentas para la jardinería y la horticultura son comunes a todas las plantas.

1. Son fáciles de cultivar (de hecho, se encuentran entre las plantas de jardín más fáciles).
2. Son fáciles de mantener (rara vez se necesita agua debido a su increíble capacidad de almacenamiento).

Y ni siquiera necesitas mucho espacio para cultivar la mayoría de las suculentas. Una maceta de tamaño normal o un área pequeña en tu jardín es suficiente para hacerlas crecer y mejorar su entorno, no sólo visual, sino también espiritualmente.

Capítulo 2: Selección de cactus y suculentas: ¿cuál deberías elegir?

Ahora que has aprendido sobre cactus y suculentas, quizás te preguntes cuales plantas son las mejores opciones para ti. Primero debes considerar algunas cosas, como por ejemplo si vives en una casa con jardín o en un departamento con balcón. También debes considerar que quieres hacer con la planta, los recursos de los que dispones y las condiciones de para su crecimiento.

Este capítulo proporciona toda la información que necesitas para decidir entre cactus y suculentas.

Cosas a considerar antes de comprar un cactus o una suculenta

Algunas personas simplemente eligen el cactus o la suculenta más atractivo que encuentran y luego se dan cuenta de que la planta no es realmente la más adecuada para tu hogar. Por lo tanto, tenga en cuenta estas cosas antes de realizar una compra:

Jardín versus balcón

Los cactus y suculentas pueden crecer tanto en interior como en exterior. Aunque prefieren un ambiente interior, muchos tipos pueden prosperar al aire libre. Antes de comprar, consulte la etiqueta para obtener información. Asegúrate de que el cactus reciba suficiente luz solar todos los días. No lo coloques en un área sombreada de tu jardín a menos que prospere mejor a la sombra. Si la vas a tener en interiores, y es una variedad a la que le gusta el sol, colócala en un balcón o en la repisa de una ventana y asegúrate de que esté expuesta a la luz del sol.

Los cactus y suculentas pueden crecer tanto en interior como en exterior
https://www.pexels.com/photo/clear-glass-table-decor-2100238/

Las suculentas prefieren la luz del sol, así que asegúrate de que reciban suficiente luz todos los días. Las suculentas naranjas, moradas y rojas necesitan mucha exposición al sol, así que colóquelas en el lugar adecuado de tu casa. Las suculentas de colores brillantes serán perfectas para una casa con jardín donde estarán expuestas a la luz solar directa todo el día. Si vives en un apartamento, las suculentas verdes pueden ser una buena opción para ti.

Razones para tener un cactus o una suculenta

Lo segundo que debes considerar es tu razón para tener la planta. ¿Estás comprando cactus o suculentas para decoración o paisajismo al aire libre? Si es para decoración, asegúrate de tener el espacio adecuado para la planta en tu hogar. Sin embargo, si la quieres para crear un paisaje, necesitarás una casa con jardín. Dado que tanto los cactus como las suculentas son plantas decorativas, esta elección se puede hacer según las preferencias personales, pero vale la pena considerar diferentes alturas de plantas.

Si utilizas la planta como decoración, elige una que tenga un aroma agradable. Hay muchos cactus y suculentas con fragancias florales.

Preferencia de planta

Los cactus y las suculentas pueden ser espinosas, florales, coloridas o incluso dar frutos. Antes de tomar decirte por una planta, piensa en lo que quieres obtener. Quizás un cactus con flores o una suculenta pueda ser mejor para decoración de interiores, mientras que los que dan frutas se adaptan mejor a los paisajes. Las suculentas coloridas pueden ser una gran adición a tu jardín, mientras que los cactus coloridos son perfectos tanto para interiores como para exteriores. No hay respuestas correctas o incorrectas. Todo tiene que ver con lo que a ti te guste.

Recursos disponibles

¿Preparado para agregar una de estas plantas a tu hogar? Al igual que las mascotas, las plantas son una gran responsabilidad y tienen necesidades que debes tener en cuenta. Asegúrate de tener listas las macetas adecuadas para ellas. Encuentra el tamaño, material, estilo y drenaje adecuados para tu planta. Por ejemplo, las suculentas no necesitan mucha agua, así que elige macetas que tengan orificios de drenaje. También debes preparar la posición adecuada y asegurarte de que tus ventanas, balcón o jardín reciban suficiente luz para que tus plantas puedan prosperar. Esta parte se explicará en detalle en el próximo capítulo.

Condiciones de crecimiento

Debes asegurarte de tener las condiciones de crecimiento adecuadas para tu planta. Aunque ambos tipos de plantas pueden crecer en diferentes climas, algunos crecen mejor en climas fríos que los demás. También debes considerar el nivel de humedad, la temperatura y las condiciones climáticas generales de tu área. Elige el tipo de cactus o suculenta adecuado para el clima de donde vives.

Tipos de cactus

Esta parte cubrirá los diferentes tipos de cactus y te brindará información útil para que puedas elegir el cactus adecuado para tu entorno y necesidades específicas.

Cactus oreja de conejo

El cactus de orejas de conejo, también llamado cactus de lunares, alas de ángel o cactus de conejo, es originario de México. Es uno de los tipos de floración más populares. Tal como sugiere el nombre, las partes verdes de la planta tienen una forma bastante similar a las orejas de un conejo. Es una planta linda y divertida de ver, por lo que puede ser una hermosa adición a tu oficina y seguramente te hará sonreír. Por lo general crece hasta unos 23 centímetros, pero puede tardar años en alcanzar esta altura, ya que es un cactus de crecimiento lento.

¿Para interiores o exteriores?

El cactus orejas de conejo crece en interiores.

¿Para decoración o paisajismo?

A veces, sobre el cactus florecen bonitas flores amarillas, lo que lo convierte en una planta perfecta para decorar tu hogar.

Luz solar

Requiere unas ocho horas de luz solar directa todos los días.

Agua

Riega el cactus oreja de conejo sólo cuando la tierra se seque.

Suelo

Seco y con buen drenaje.

Clima

El cactus oreja de conejo no tolera el clima frío y solo prospera en temperaturas entre 70 °F y 100 °F.

Cactus viejo de las montañas

Probablemente te estés preguntando de dónde sacó esta planta su interesante nombre. Pues está cubierto de pelo blanco y fino como un anciano, por lo que el nombre es perfecto para él. También se le llama el Viejo de los Andes y es originario de América del Sur. A veces, el cabello puede parecer lana, dándole un aspecto distintivo. Las espinas del cactus son rojas y rígidas y se distinguen fácilmente del pelo blanco.

Esta planta está cubierta de pelos blancos y finos, como un anciano
Jim Morefield de Nevada, EE. UU., CC BY-SA 2.0<https://creativecommons.org/licenses/by-sa/2.0>, a través de Wikimedia Commons: https://commons.wikimedia.org/wiki/File:Old_man_pricklypear,_Opuntia_polyacantha_var._erinacea_(38236654894).jpg

¿Para interiores o exteriores?

El cactus viejo de las montañas es una planta de interiores. Es de crecimiento lento y puede alcanzar dos pies de altura, pero si se le coloca en macetas pequeñas, se puede limitar su crecimiento.

¿Para decoración o paisajismo?

Es una planta de interior decorativa.

Luz solar

Requiere luz solar directa.

Agua

Riégala cada 12 días durante el verano y dos veces al mes en invierno.

Suelo

Suelo con buen drenaje.

Clima

Aunque prospera mejor en el calor, la planta puede tolerar heladas.

Cactus bastón

El cactus bastón tiene una apariencia interesante y particular. Es una planta muy delgada, de ahí su nombre, y está cubierta de espinas blancas, diminutas y afiladas. Esta planta también se conoce como cholla espinosa o cholla de caña, y puede alcanzar una altura de 4 pies. En verano produce un fruto amarillo que puede confundirse con una flor.

¿Para interiores o exteriores?

El cactus bastón puede crecer en interiores y exteriores.

¿Para decoración o paisajismo?

Con su aspecto inusual, el bastón es la planta decorativa ideal. Como puede crecer al aire libre, también es perfecta para paisajismo.

Luz solar

Luz solar directa.

Agua

Riégalo cada diez días mientras esté creciendo y una vez al mes en invierno.

Suelo

Suelo con buen drenaje.

Clima

La planta prospera en clima seco.

Cactus San Pedro

El cactus San Pedro es una planta verde con espinas blancas y diminutas. Puede crecer hasta una altura de 20 pies y por la noche, brotan de tus almohadillas flores blancas perfumadas.

El cactus San Pedro es una planta verde con espinas blancas y diminutas
https://www.pexels.com/photo/green-san-pedro-cactus-10109786/

¿Para interiores o exteriores?

El cactus San Pedro puede crecer en interiores o exteriores. Si lo plantas en una maceta pequeña limitarás su crecimiento.

¿Para decoración o paisajismo?

Con su hermosa y perfumada flor y su llamativo color verde, el cactus San Pedro es una excelente planta decorativa.

Luz solar

Este cactus requiere luz solar directa para crecer y no le va bien en la sombra.

Agua

Riégalo sólo cuando la tierra esté seca.

Suelo

Suelo permeable al agua.

Clima

Puede crecer en temperaturas cálidas, pero no sobrevivirá a las heladas.

Nopal brasileño

El nopal brasileño es otra planta de aspecto interesante. Tiene almohadillas redondeadas y planas sobre las cuales brotan flores. También tiene pequeñas espinas que crecen por todas partes y flores de color naranja y amarillo. Las flores se transforman en bulbos de color naranja, morado y amarillo que se asemejan a una pera, de ahí tu nombre en inglés, *prickly pear*. Las peras son comestibles y tienen una maravillosa fragancia afrutada. El nopal brasileño puede alcanzar los 30 pies de altura.

¿Para interiores o exteriores?

El nopal brasileño puede crecer en interiores o exteriores

¿Para decoración o paisajismo?

Puede ser una planta de interior decorativa.

Luz solar

Este cactus necesita luz solar directa, pero si lo mantienes en interiores, asegúrate de colocarlo en el balcón o cerca de una ventana para obtener luz brillante indirecta.

Agua

Riega el cactus cuando la tierra se seque.

Suelo

Suelo con buen drenaje.

Clima

La planta prospera en verano y en climas cálidos, pero puede marchitarse en climas extremadamente calurosos. Puede tolerar el clima frío, siempre que lo mantengas seco.

Cactus fresa

El cactus fresa también se conoce como el cactus erizo debido a tus tallos diminutos y puntiagudos. Es una planta del desierto con hermosas flores primaverales de color rosa intenso y puede crecer hasta 3,5 pulgadas.

¿Para interiores o exteriores?

El cactus fresa es una planta de exteriores.

¿Para decoración o paisajismo?

El cactus fresa será perfecto para tu paisaje si vives en un ambiente seco. Las espinas del cactus pueden ser grises, blancas, marrones y amarillas, lo que puede hacer que tu jardín luzca colorido.

Luz solar

Este cactus requiere luz solar total o indirecta.

Agua

Riégalo una vez al mes durante el invierno y dos veces al mes en verano.

Suelo

Suelo con buen drenaje.

Clima

Clima cálido y seco.

Cactus viejito

El cactus viejito está cubierto de pelo más grueso que el cactus viejo de las montañas, y parece como si llevara un abrigo de piel. Debajo de su espeso pelo blanco hay espinas diminutas y afiladas. Puede alcanzar una altura de quince metros y puede producir flores blancas, amarillas o rojas, pero las flores pueden tomar hasta 10 años en florecer.

¿Para interiores o exteriores?

El cactus viejito puede crecer en interiores y exteriores.

¿Para decoración o paisajismo?

Este cactus puede ser una planta de interior, ya que tu aspecto lanudo constituye una decoración interesante. También puede ser una gran adición a tu jardín.

Luz solar

Requiere luz solar directa, pero prospera mejor en la sombra ligera de la tarde.

Agua

Riégalo sólo cuando la tierra esté seca.

Suelo

Suelo con buen drenaje.

Clima

Este cactus prospera en climas cálidos y no tolera el frío.

Cactus reina de la noche

El cactus reina de la noche florece con impresionantes flores blancas una vez al año, por la noche, de ahí su interesante nombre. También se le llama cactus pipa del holandés. Es originaria de América del Sur y el sur de México. Puede crecer hasta veinte pies de altura. tus flores crecen sobre los tallos verdes del cactus y tienen un aroma suave y sutil. Crecen 11 pulgadas de largo y cinco pulgadas de ancho. El gran tamaño de las flores les confiere una característica única.

El cactus reina de la noche florece con impresionantes flores blancas una vez al año, por la noche, de ahí tu interesante nombre

https://pixabay.com/photos/queen-of-the-night-cactus-flower-7279135/

¿Para interiores o exteriores?

El cactus reina de la noche prospera en un ambiente interior.

¿Para decoración o paisajismo?

Gracias a tus hermosas y grandes flores, puede ser una planta de interior decorativa.

Luz solar

La planta necesita luz solar directa para crecer, pero sólo durante unas pocas horas por la mañana; entonces requiere luz indirecta.

Agua

Riega la planta sólo cuando la tierra se seque.

Suelo

Suelo aireado y bien drenado.

Clima

Climas semidesérticos y tropicales. Puede tolerar climas extremadamente fríos durante un corto período de tiempo. Sin embargo, si se expone durante un tiempo prolongado, se marchitará y morirá.

Cactus ancianita

El cactus ancianita o *mammillaria hahniana* es redondo y está cubierto de pequeñas espinas. Puede alcanzar una altura de 20 pulgadas y de él brotan flores de color púrpura rojizo que crecen en forma circular en la parte superior de la planta.

¿Para interiores o exteriores?

El cactus ancianita puede crecer en interiores y exteriores.

¿Para decoración o paisajismo?

Es una planta decorativa.

Luz solar

Requiere luz solar directa, pero también puede prosperar con luz solar indirecta.

Agua

Regar una vez al mes durante el invierno y cada semana en verano.

Suelo

Suelo mixto.

Clima

El cactus prospera en climas cálidos, pero puede tener problemas en condiciones de calor extremo. Mantenlo seco en invierno.

Cactus de navidad

El cactus de navidad se originó en Brasil y es una de las plantas de interior más populares del mundo. Tiene tallos largos y planos y no tiene hojas. En invierno, florece con flores rojas, amarillas, rosadas y blancas.

El cactus navideño es originario de Brasil
https://pixabay.com/photos/plant-leaf-nature-cactus-3101751/

¿Para interiores o exteriores?

El cactus de navidad es una planta de interior.

¿Para decoración o paisajismo?

Gracias a tus tallos colgantes, podrás colocarlo en superficies o colgarlo de cestas.

Luz solar

Requiere luz solar indirecta para crecer.

Agua

Riega el cactus cada semana o dos semanas.

Suelo

Suelo ácido.

Clima

La planta prospera en un ambiente húmedo.

Tipos de suculentas

Ahora aprenderás sobre los diferentes tipos de suculentas.

Suculenta estrella de mar

La suculenta estrella de mar debe su nombre a su hermosa flor, que se asemeja a una estrella de mar. La flor es de color púrpura rojizo, rojo intenso o naranja. Sin embargo, su olor no coincide con tus hermosos colores, ya que huele a carne podrida para atraer insectos. Puede crecer hasta 12 pies de altura.

La suculenta estrella de mar debe su nombre a su hermosa flor que se asemeja a una estrella de mar

Dragón de cuentas rojas, CC BY-SA 4.0<https://creativecommons.org/licenses/by-sa/4.0>, a través de Wikimedia Commons: https://commons.wikimedia.org/wiki/File:Stapelia_Grandiflora_Flower.jpg

¿Para interiores o exteriores?

La suculenta estrella de mar puede crecer en interiores y exteriores. Como tiene un olor desagradable, es mejor dejarla al aire libre.

¿Para decoración o paisajismo?

Puede utilizarse como planta decorativa.

Luz solar

Requiere luz solar total y directa. También puede prosperar con luz indirecta brillante.

Agua

Riégala una vez al mes durante verano y primavera, pero cada dos meses en otoño e invierno.

Suelo

Suelo con buen drenaje.

Clima

La suculenta estrella de mar prospera en climas cálidos y puede tolerar climas helados por períodos cortos. El suelo debe mantenerse seco.

Suculenta afrikáans

Las suculentas afrikáans son plantas bonitas con hojas grandes y planas. Crecen hacia arriba y tienen flores amarillas o blancas. Curiosamente, cuando las hojas crecen por completo, se dividen de forma parecida al signo de la paz.

¿Para interiores o exteriores?

Las suculentas afrikáans pueden crecer en interiores.

¿Para decoración o paisajismo?

La suculenta afrikáans es una planta decorativa perfecta.

Luz solar

La planta requiere luz solar directa.

Agua

Riega la suculenta cuando la tierra se seque.

Suelo

Mezcla de tierra suelta y granulada.

Clima

Clima cálido.

Suculentas de aloe vera

El aloe vera es una de las suculentas más populares, ya que es conocida por tus efectos refrescantes. El gel de aloe vera se extrae de las hojas y se utiliza para tratar muchas afecciones de la piel como erupciones cutáneas y quemaduras solares. También es una bonita planta con un impresionante color verde brillante.

¿Para interiores o exteriores?

El aloe vera puede crecer en interiores y exteriores.

¿Para decoración o paisajismo?

Es una planta decorativa.

Luz solar

La planta necesita luz solar directa para crecer.

Agua

Riegue cuando la tierra se seque.

Suelo

Suelo mixto con roca lávica y perlita.

Clima

Prospera en climas cálidos y secos. Debe mantenerse en interiores durante el invierno.

Árbol de jade

El árbol de jade es otra suculenta popular, ya que mucha gente la utiliza para decorar tus hogares. Es una planta de crecimiento lento que puede llegar a vivir unos 70 años. Puede crecer hasta seis pies de altura. tus tallos son leñosos y gruesos, con hojas ovaladas.

¿Para interiores o exteriores?

Las plantas de jade pueden crecer en interiores y exteriores.

¿Para decoración o paisajismo?

Puede ser una planta de interior y agrega un ambiente encantador a tu hogar.

Luz solar

Requiere luz solar plena y directa.

Agua

Riegue cuando la tierra se seque.

Suelo

Suelos ácidos y bien drenados.

Clima

Prospera en un ambiente cálido e incluso puede sobrevivir en las heladas.

Suculenta bola de nieve mexicana

La bola de nieve mexicana también es conocida como gema mexicana y rosa blanca mexicana. La planta es conocida por tus hojas de color verde plateado y azul verdoso que tienen forma de roseta. Es originaria de México y suele prosperar en un entorno semidesértico.

¿Para interiores o exteriores?

Las bolas de nieve mexicanas pueden crecer en interiores y exteriores.

¿Para decoración o paisajismo?

Personas de todo el mundo decoran tus hogares con esta suculenta.

Luz solar

Requiere luz solar directa.

Agua

No necesita mucha agua, así que riégala sólo cuando la tierra se seque.

Suelo

Requiere suelo ácido y bien drenado.

Clima

La planta prospera en climas cálidos y secos, pero tendrá dificultades en climas húmedos. No tolera inviernos extremos.

Suculenta corona de Cristo

La corona de Cristo puede crecer hasta seis pies de altura. Sin embargo, si la plantas en una maceta pequeña y la colocas en interiores, limitarás su crecimiento y sólo alcanzará dos pies de altura. Tiene hojas verdes y gruesas, pero están cubiertas de espinas, de ahí su nombre. La planta florece y produce flores blancas, amarillas, rosadas, naranjas o rojas.

La planta florece y produce flores blancas, amarillas, rosadas, naranjas o rojas ಕಾಕಿಂಕ, CC BY-SA 3.0 <https://creativecommons.org/licenses/by-sa/3.0>, via Wikimedia Commons: https://commons.wikimedia.org/wiki/File:Euphorbia_milii_-_%E0%B4%AF%E0%B5%82%E0%B4%AB%E0%B5%8B%E0%B5%BC%E0%B4%AC%E0%B4%BF%E0%B4%AF_07.JPG

¿Para interiores o exteriores?
Puede crecer tanto en interiores como exteriores.
¿Para decorativo o paisajismo?
Es una de las plantas de interior decorativas más populares del mundo.
Luz solar
Puede prosperar con luz solar total o parcial.
Agua
Riegue cuando la tierra se seque.
Suelo
Suelo neutro y bien drenado.
Clima
Clima cálido y seco.

Suculenta Soldado de Chocolate

La suculenta soldado de chocolate, también conocida como planta panda, es una planta bonita y atractiva que se encuentra en muchos hogares. Tiene hojas de color verde pálido con manchas marrones y está cubierta de una pelusa de color gris blanco. Es de crecimiento lento y puede alcanzar 2 pies de altura.

¿Para interiores o exteriores?

El soldado de chocolate puede prosperar al aire libre en climas cálidos, pero prefiere un ambiente interior.

¿Para decoración o paisajismo?

Es una planta atractiva que se utiliza para decorar muchos hogares.

Luz solar

La planta se marchitará con la exposición directa al sol; sólo prospera bajo la luz solar indirecta.

Agua

Riégala cuando la tierra se seque.

Suelo

Suelo con buen drenaje, neutro y ácido.

Clima

No tolera el clima extremadamente frío y prospera en climas cálidos o calurosos.

Suculenta kalanchoe blossfeldiana

La planta tiene hojas verdes de forma ovalada. Bajo la luz solar directa, algunas variedades tienen hojas rojas. Tiene pequeñas flores blancas, de color salmón, naranjas, amarillas, rosadas y rojas.

¿Para interiores o exteriores?

Prospera al aire libre durante el verano, pero prefiere un ambiente interior en el invierno.

¿Para decoración o paisajismo?

La kalanchoe blossfeldiana puede ser una planta de interior ornamental.

Luz solar

Cuando se planta en exteriores, requiere exposición total al sol o sombra parcial, mientras que en interior necesita luz indirecta.

Agua

Riégala cada pocas semanas.

Suelo

Suelo arenoso, bien drenado, ácido y neutro.

Clima

Prospera en climas cálidos y no tolera el frío.

Suculenta de palma de cola de caballo

La suculenta palma de cola de caballo es una planta de oficina extremadamente popular. Puede crecer hasta diez metros de altura en exteriores. Puede llegar a ser un árbol grande, más alto que muchas casas. Cuando se planta en interiores, sólo alcanza los seis pies de altura. Se originó en Centroamérica y puede tardar años en crecer. Tiene una larga vida útil, por lo que estará contigo durante mucho tiempo.

¿Para interiores o exteriores?

Puede crecer en interiores y exteriores. Plántala en interiores si quieres restringir su crecimiento.

Luz solar

Requiere exposición solar directa o indirecta.

Agua

Riégala cada dos semanas durante el verano y cada mes en invierno.

Clima

Prospera en climas cálidos y puede tolerar el frío extremo durante un período corto.

Quiz

Ahora que ya conoces los diferentes tipos de cactus y suculentas, responde este cuestionario para determinar cuál es el más adecuado para ti.

1. **¿Vives en un clima cálido o frío?**
   - Clima cálido
   - Clima frío
2. **¿Tienes un jardín para plantas de exteriores en tu casa?**
   - Sí
   - No
3. **¿Tienes una ventana o balcón para plantas de interiores que requieran luz solar?**
   - Sí
   - No

4. ¿Prefieres las plantas con flores o las que se cubren de pelos blancos?
   - Plantas con flores
   - De pelo blanco
5. ¿Crees que puedes proporcionar las condiciones de crecimiento adecuadas para tu planta?
   - Sí
   - No

Ahora verifica tus respuestas, revise la lista de nuevo y limita tus opciones. Estarás listo para tomar la decisión correcta según tus necesidades.

Hay muchos tipos de cactus y suculentas. Algunas crecen en interiores, otras en exteriores, mientras que otras pueden prosperar en ambos ambientes. Algunas plantas pueden ser un bonito complemento decorativo para tu hogar, mientras que otras pueden ser una planta perfecta para tu jardín. No hay una elección correcta o incorrecta. Sólo necesitas encontrar una planta que se adapte a tu imaginación y a tu espacio vital.

Asegúrate de considerar todos los aspectos antes de tomar una decisión y no ignores el aroma de la planta. Algunas tienen un olor desagradable, mientras que otras pueden ser florales o afrutadas. Aunque resulta tentador elegir una por su atractiva forma o colores, es posible que no prospere en tu entorno. Así que no tomes una decisión apresurada.

Capítulo 3: Plantar y organizar tus cactus y suculentas

Entonces, ya que visitaste a tu distribuidor de plantas local, seleccionaste una hermoso e inusual cactus o suculenta y te lo llevaste a tu nuevo hogar. ¿qué viene ahora? Hay muchas técnicas de jardinería a considerar para cuidad a estas exquisitas plantas. ¿Deberías plantar las suculentas y los cactus juntos? ¿Deberías plantarlos por separado? ¿Usas una maceta o más? ¿Qué preparaciones de suelo hay que considerar? ¿Cómo los organizarás, individual y colectivamente? Estas y muchas otras preguntas serán abordadas y respondidas a lo largo de este capítulo.

Para evitar confusiones a medida que avanzas, recuerda que todos los cactus pueden considerarse suculentas, pero no todas las suculentas son cactus. Son similares en muchos aspectos: ambos son resistentes al calor y a la falta de agua, además de poseer estructuras gruesas. Sin embargo, si exploramos tus diferencias, nos damos cuenta de que los cactus se conocen por las púas que emergen de su superficie a fin de reducir el flujo de aire a su alrededor, optimizando el suministro de agua y protegiendo a la planta.

Otra diferencia importante entre ellos es la técnica de la fotosíntesis. En los cactus, el proceso se realiza a través del tallo y no de las hojas, como ocurre en las suculentas y las demás plantas. Es por eso que los cactus requieren mucha menos agua para sobrevivir y son capaces de soportar ambientes más hostiles.

Estas plantas resistentes y poco exigentes pueden agregar color y alterar el paisaje de tu jardín para darle una estética inolvidable. Asumir el desafío de mezclar y combinar plantas puede resultar desconcertante. Para ayudarle en esta difícil tarea, encontrará una guía paso a paso sobre qué hacer y qué evitar a medida que avance en el capítulo.

¿Para interiores o exteriores?

Transferir tus cactus y suculentas al interior es una posibilidad siempre que puedas replicar el entorno del que provienen. Por lo general, esto implica una abundancia de suelo ligero, bien drenado y seco, y temperaturas frescas en interiores.

- Colocar tus plantas cerca de una ventana debería garantizar su exposición a la luz y a las temperaturas nocturnas más bajas.
- Algunos cactus tienden a florecer y prosperar en un ambiente interior, pero no te dejes engañar por vendedores sin escrúpulos que intentarán venderte plantas no adecuadas para dichos ambientes.
- Entre los cactus que florecen en interiores se encuentran las Lobivias y las Rebutias.
- En interiores, una humedad más baja tiende a favorecer a algunas de especies; niveles que no sean menos del 10% o más del 30%.

Las suculentas de exteriores tienden a crecer y prosperar bajo el sol del verano.

- A medida que va pasando la primavera y el clima se vuelve más cálido, muévalos a un área sombreada de tu paisajismo o jardín.
- De forma lenta pero segura, ve haciendo la transición a lugares más soleados a medida que las plantas se adapten al sol.
- Procura colocarlos en zonas donde no estén expuestos al calor directo del sol desde antes del mediodía hasta la mitad de la tarde (desde las 11 am a las 03 pm).
- Una vez que los hayas sacado a exteriores, es muy posible que los cactus no requieran riego, pero igual que revisarlos con regularidad. En cuanto a las suculentas, es posible que necesiten un poco más de humedad que los cactus.

Ubicación de las plantas

Primero, comienza por decidir si los vas a plantar juntos o por separado. Igualmente, ten en cuenta lo que necesitan tus plantas para elegir su ubicación más idónea.

Plantar los cactus por separado

Las mejores épocas para plantar cactus son primavera y verano. Los cactus se pueden plantar en interiores o exteriores, siempre que haya suficiente luz para que prosperen. El siguiente punto es el tipo de suelo. Lo principal a considerar es que debe tener buen drenaje.

Si vas a optar por plantarlos en interiores, asegúrate de que estén orientados hacia las ventanas del sur o del oeste. Cuando quieras trasladar tus plantas de interiores a tu paisajismo en exteriores, comienza primero colocándolas en un área protegida. Poco a poco, a medida que se vayan acostumbrando al ambiente exterior, empieza a trasladarlas a zonas con más sol.

Al considerar contenedores, elije los pequeños y poco profundos. Los cactus tienen raíces poco profundas y de crecimiento lento, por lo que no necesitan contenedores profundos.

Considera agregar pequeños guijarros y rocas al fondo del recipiente o una cama elevada. Asegúrate de que la mezcla para macetas que utilices esté diseñada específicamente para cactus, ya que las demás mezclas pueden retener más agua de la necesaria, lo que podría ocasionar problemas.

Las mejores épocas para plantar cactus son primavera y verano
https://www.pexels.com/photo/tres-potted-cactus-plants-1903965/

Plantar suculentas por separado

Las suculentas son un poco más sensibles que los cactus, pero sin embargo nos son menos resilientes. Asegúrate de familiarizarte con el tipo de suculentas que planeas cultivar, así como de si son más adecuadas para ambientes interiores o exteriores. Es posible que algunas no resistan condiciones extremas tan bien como otras.

Al igual que los cactus, el drenaje del suelo es un factor vital a la hora de plantar suculentas. Para mejorar esa característica, agrega piedra pómez o arena al suelo. A las suculentas no les va bien en suelos húmedos y los materiales que pueden ayudar a aflojar el suelo son la grava pequeña, las rocas sedimentarias y la perlita.

Al igual que los cactus, las suculentas se adaptan mejor a macetas más pequeñas y poco profundas. Al plantar, asegúrate de no compactar la tierra. El permitir la presencia de espacios de aire asegura el crecimiento de nuevas raíces cerca de la superficie, donde pueden respirar.

Asegúrate de estar familiarizado con el tipo de suculentas que planeas cultivar y si son más adecuadas para ambientes interiores o exteriores
https://www.pexels.com/photo/top-view-photography-of-tres-suculentas-plantas-2516658/

Plantar cactus y suculentas juntos

Si eliges plantar estas dos plantas juntas, recuerda que cada una tiene necesidades de riego diferentes. Los cactus pueden sobrevivir en ambientes mucho más secos que las suculentas, ya que las suculentas no pueden prosperar en condiciones de sequía. Entonces, para asegurarte de satisfacer las necesidades de ambas, elije un terreno con acceso directo al sol y un suelo que drene adecuadamente.

Asegúrate de separar los dos parterres que albergan las plantas. Mientras que los cactus prefieren suelos arenosos, las suculentas prefieren un ambiente un poco más pesado, con más oxigenación y una demanda de riego ligeramente mayor.

Como hemos mencionado antes, no todos los cactus son iguales, ni tampoco las suculentas. Asegúrate de que los tipos que plantes juntos puedan tolerar el clima y las condiciones ambientales del área.

Al elegir el contenedor, opta por uno más grande para dejar espacio para ambas camas separadas, dejando espacio para las raíces en crecimiento. Asegúrate de que tu recipiente tenga orificios para drenar el exceso de agua y que no esté hecho de un material que la absorba, así que elije recipientes de cerámica o similares.

Asegúrate de separar los dos parterres que albergan los cactus y las suculentas
https://pixabay.com/photos/cacti-plants-succulents-pots-1845159/

Preparación del área de plantación

Al preparar tu área para plantar, recuerda que tanto los cactus como las suculentas se desarrollan bien en suelos ligeramente ácidos, con una composición arenosa para un drenaje óptimo del exceso de agua.

Puedes realizar una prueba de suelo antes de plantar, teniendo en cuenta que el equilibrio óptimo del PH ácido debe oscilar entre 5,5 y 5,6.

Dependiendo de los resultados que obtengas, si no están dentro del rango correcto, puedes modificar fácilmente la situación añadiendo arena o humus/viga.

Para los cactus, lo ideal sería tener una mezcla de aproximadamente 50% arena, 25% humus y 25% arena. Sin embargo, recuerda que las suculentas requieren un sustrato de cultivo más pesado, por lo que tal vez aumente el porcentaje de tierra en tu sección del lecho.

Considera agregar material orgánico a la mezcla, como estiércol o abono.

Una prueba viable para la mezcla de tierra es mojarla y apretarla fuertemente con las manos. Cuando abres la mano, la tierra debería desmoronarse.

Los agujeros de drenaje son fundamentales para evitar que las plantas se pudran y marchiten.

Si vas a plantar en exteriores o en interiores, asegúrate de que la tierra esté suelta y ventilada adecuadamente con un tenedor de jardín. Una vez hecho esto, extiende una capa de mantillo en la superficie para reducir el crecimiento de malezas y mantenerla húmeda.

Se aconseja empezar a preparar el suelo 14 días antes de la siembra. Para las suculentas, intenta elegir áreas con una proporción adecuada de sol y sombra.

Limpia las malas hierbas, los escombros o las plagas pasadas restantes de cultivos anteriores en tu área de plantación. Estas adiciones no deseadas al suelo pueden obstaculizar el crecimiento de las plantas o causar daños irreparables.

Al colocar piedras alrededor de tus cactus y suculentas, tendrás que ser estratégico. Agregar una capa superior de rocas decorativas más pequeñas no solo queda bien, sino que también permite que la tierra retenga el calor. Este tipo de retención de calor resulta útil durante el clima más frío para apoyar a estas plantas tan amantes del sol.

Las rocas grandes también actúan como disuasivo para evitar que los depredadores, tales como los animales de tamaño mediano (perros y ciervos) pisen y aplasten las plantas.

Asegúrate de que el suelo alrededor de tu jardín exterior esté nivelado para evitar que se acumule agua.

Si el área donde vives sufre inviernos fríos con humedad excesiva, considera mover tus cactus y suculentas bajo un techo elevado o bajo cubiertas transparentes/traslúcidas para mantenerlas secas.

Técnicas de plantación

Ya sea que se trate de cultivo a partir de semillas, propagación, esquejes de plantas o trasplante de suculentas, debes seguir ciertos pasos para tener éxito.

Trasplantar cactus

- Asegúrate de tener guantes a prueba de espinas o incluso pinzas de cocina para proteger tus manos de las espinas de los cactus.
- Otro método para mantenerse a salvo es envolver capas de periódico alrededor de las partes espinosas del cactus que planeas mover. Cinco o seis capas deberían mantenerte a salvo de cualquier lesión.
- Al intentar el trasplante, asegúrate de que el clima sea apropiado. Cuanto más soleado, mejor, por lo que desde la primavera hasta principios del otoño es un buen momento.
- Asegúrate de que las raíces de la planta estén completamente secas antes de moverla.
- Cava un hoyo en el suelo de aproximadamente la misma profundidad y ancho para que coincida con el del cactus en la maceta.
- Para aflojar la tierra de la maceta original, golpéala ligeramente a todo su alrededor.
- Retira con cuidado el cactus de la maceta con una pala, tratando de perturbar las raíces lo menos posible.
- Si la arena mezclada con la tierra se deshace durante la mudanza, úsala para rellenar el hoyo al que vas a agregar el cactus.
- Usa pinzas al manipular los cactus para evitar hacerte daño, ya que los guantes ofrecen poca protección contra las espinas.
- Rellena el hoyo con la mezcla adecuada de tierra para cactus (descrita anteriormente) hasta que esté justo encima de las raíces.
- Agrega una capa de grava o gránulos de lava encima de la tierra alrededor del cactus.
- Deja la planta durante una semana antes de intentar regarla.

Propagación de cactus de interior

El uso de crías (cactus bebés o vástagos de cactus) no solo le permite aumentar tu población de suculentas, sino que también mejora la salud general de la planta madre.

Los retoños suelen aparecer en la base de los cactus y comparten nutrientes y agua con la planta principal. En ocasiones, pueden aparecer en el cuerpo del cactus, ya sea en el tallo o en las almohadillas.

Así es como funciona la propagación.

- Asegúrate de tener guantes de protección, mezcla de tierra para cactus, gasas o spray con alcohol, un cuchillo afilado, hormonas de enraizamiento y una maceta, por supuesto.
- Asegúrate de limpiar el cuchillo con alcohol y luego déjalo secar.
- Ponte guantes protectores para evitar lesiones.
- Escoge el retoño que deseas propagar y, con el cuchillo, corta en la base donde se conecta con el cactus padre. Inclina el cuchillo a 45 grados para que el corte resultante se endurezca rápidamente antes de que se pudra.
- ¡No metas al retoño en la maceta de inmediato! Déjalo secar por completo hasta por una semana, dándole tiempo suficiente para que se endurezca o se seque.
- Agrega la mezcla para macetas de cactus a la maceta.
- Inserta el extremo cortado del retoño en la hormona de enraizamiento y luego presiónalo suavemente en la parte superior de la maceta.
- Déjalo expuesto a la luz solar indirecta y agrégale gotas de agua con frecuencia.
- En un plazo de cuatro a seis semanas, tu cactus debería haber desarrollado raíces fuertes.

Cultivo de cactus a partir de semillas

Cultivar a partir de semillas puede llevar mucho tiempo y requiere mucha paciencia. Las semillas que se utilizan para plantar cactus provienen de las flores que brotan de una planta adulta.

Debido a que algunos cactus nunca desarrollan flores, comprar las semillas en una tienda puede ser la única opción.

Las semillas de cactus pueden requerir estratificación. Este es un proceso en el que se realiza una simulación para que parezca que las semillas han pasado por el invierno antes de comenzar el proceso de siembra.

La estratificación se produce colocando las semillas en un depósito marrón húmedo que funciona como un tipo de tierra llamada "turba". La turba se forma a partir de la descomposición parcial de materia vegetal en condiciones húmedas y ácidas, suelos fangosos llamados "turberas" y áreas de tierra inundadas llamadas "pantanos". La turba a menudo se seca y se reutiliza para necesidades de jardinería y combustible.

Después de colocar las semillas en turba húmeda, se colocan en una hielera durante aproximadamente cuatro a seis semanas hasta que se abren.

Una vez concluido este proceso, asegúrate de tener disponible una mezcla de tierra para cactus. Planta la semilla en la maceta con una mezcla de igual profundidad y ancho. Cubre la maceta con plástico después de regarla ligeramente y colócala en un lugar luminoso, pero alejado de los dañinos rayos directos del sol.

La brotación suele ocurrir dentro de las tres semanas y la cubierta se puede quitar el día después que ocurra. Después de unos seis meses, las pequeñas plántulas están listas para ser trasplantadas.

Plantar cactus en exteriores

Si vas a optar por tener tus espinosas en exteriores, estos son los pasos a seguir:

- Asegúrate de que la tierra esté bien preparada con la mezcla de cactus adecuada.
- Asegúrate de que el hoyo que estás cavando en el suelo sea tan profundo como ancho. Debe ser aproximadamente una vez y media más ancho que el cepellón o el tallo del cactus.
- Coloca la planta mirando al norte. El lado norte de la planta suele tener una marca obvia. Si no hay una marca, asegúrate de preguntar al respecto en la tienda de plantas antes de salir. ¿Por qué hay que hacer eso? Porque lo más probable es que el lado sur de la planta se exponga más al sol y desarrolle una piel más dura que el lado norte. La colocación incorrecta puede provocar que el lado norte reciba más luz solar de la que puede soportar.
- Rellena el hoyo con la mezcla de tierra y luego dale golpecitos suaves.
- Agrega pequeñas cantidades de agua.

- Si vas a trasplantar un cactus criado en un invernadero, cúbrelo con un paño ligero para protegerlo de la exposición directa al sol durante un par de semanas.

Plantar cactus y suculentas juntos

Antes de plantar, asegúrate de haber elegido la combinación correcta de cactus y suculentas que se complementen visualmente y puedan mantenerse juntas en un entorno común.

Si optas por un cactus que pueda prosperar con un sol brillante, no elijas una suculenta que pueda quemarse fácilmente por la exposición al sol, como el hilo de corazones o la planta serpiente.

Asegúrate de que tu contenedor sea lo suficientemente ancho para que ambas plantas existan cómodamente juntas y de que tenga suficiente espacio para que crezcan las raíces. Deja unos quince centímetros de espacio entre ellas para permitir una convivencia más saludable.

Y ahora, vamos a hablar sobre el proceso de trasplante:

- Asegúrate de haber regado tus cactus y suculentas dos días antes de trasplantarlos a la nueva maceta. A medida que las plantas se colocan en tierra nueva, necesitan tiempo para adaptarse a tu nuevo entorno, por lo que es mejor no regarlas durante las primeras dos semanas después del trasplante. Regar de antemano permite que las plantas se llenen de agua y la tierra húmeda facilita la extracción de tus raíces de la maceta.
- Antes de agregar el cactus o la suculenta, observa más de cerca cada planta. Asegúrate de haber verificado si hay signos de podredumbre, plagas o indicios de enfermedades. Si las plantas se dejan sin tratamiento y se juntan en una maceta, la planta infectada transmitirá su enfermedad las demás. Corta las partes dañadas y poda las plantas si es necesario.
- A la hora de disponer las plantas, elige el diseño que más te guste. Puedes optar por plantas más altas en la parte trasera y más cortas en la parte delantera, por ejemplo.
- Puedes arreglar la maceta desde el medio hacia afuera. Por ejemplo, poner la planta más alta en el centro y las demás a su alrededor.
- Una cosa importante que debes recordar es que, al plantar cactus, debes dejar un tercio o la mitad de la raíz expuesta y sin enterrar, para cubrirla más adelante. En el caso de las suculentas,

debes asegurarte de cubrir todas las raíces, ya que necesitan más humedad que los cactus. Cuando sigues esta técnica y dejas algunas de las raíces de los cactus por encima del suelo, evitas regarlas en exceso, ya que necesitan menos agua que las suculentas.

Organizar las plantas para lograr armonía visual

Hay varias ideas para explorar al organizar tus resistentes plantas juntas o por separado. Cada persona tiene tus propios gustos, por lo que cada arreglo puede variar dramáticamente según el clima y las combinaciones que se hagan.

Aquí hay algunas ideas simples para tus arreglos interiores y exteriores:

- Si solo vas a plantar suculentas, intenta agregar diferentes colores y formas juntos para crear un tapiz.
- Supongamos que está buscando temas específicos para tu jardín. En ese caso, puedes crear tu obra maestra botánica con la inspiración de la vida bajo el mar. Escoge colores que combinen con las plantas y criaturas submarinas y comience a organizarlas en forma de arrecifes de coral.
- Intenta escribir palabras con tus plantas plantándolas en marcos de letras de madera.
- Puedes intentar colocar tus plantas en cestas en lugar de macetas. Por ejemplo, los cactus del bosque son famosos por tus enormes flores, lo que los hace ideales para exhibiciones individuales.
- Puedes agregar las suculentas en dos tamaños y colores diferentes en un paisaje con un camino rodeado de guijarros blancos.
- Puedes agregar grietas de rocas a tu jardín y hacer que parezca que los cactus y las suculentas brotan directamente de ellas.
- Puedes enfatizar el aspecto del jardín levantando la tierra donde se encuentran tus plantas para atraer la atención hacia ellas.
- Considera llenar los rincones de tus paredes de piedra con tierra y meter tus plantas en ellos. Puedes agregar piedras de colores para que los colores sean más vibrantes.
- Intenta crear un jardín zen. En lugar de piedras y guijarros pequeños, agregue piedras grandes y planas como base para tus macetas de cactus. Extiende piedras más pequeñas entre las macetas para que parezca un jardín japonés. Intenta mezclar y combinar el color de las plantas con las macetas y las piedras

para crear la estética que buscas.
- Puedes improvisar el diseño de la valla alrededor de tu casa. En lugar de tablas de madera, puedes reemplazarlas con cactus. Puedes plantar tus suculentas a lo largo de los caminos para crear una separación visual entre las diferentes áreas de tu jardín. Asegúrate de agregar una señal de advertencia al lado de tus plantas para evitar lesiones no deseadas.

Capítulo 4: Regar sabiamente: la forma CORRECTA de regar cactus y suculentas

Los cactus y las suculentas son plantas maravillosas. Su belleza y numerosos beneficios las convierten en una opción agradable para el hogar, pero a menudo existe una noción preconcebida sobre cómo se deben regar y mantener estas plantas. Muchos piensan que las suculentas y los cactus requieren poca o ninguna agua, más agua que las plantas de interior o tanta agua como las plantas de interior. Algunas otras suposiciones comunes con respecto al riego de cactus y suculentas incluyen el uso regular de macetas y tierra bien drenada y el riego durante las temporadas de inactividad. Algunas de estas suposiciones son ciertas. Sin embargo, es mejor que te asegures de sacar lo mejor de tus cactus y suculentas.

Las plantas bien regadas alegran tu hogar en cualquier estación, limpian el aire que te rodea, fortalecen tu sistema inmunológico y mejoran tu estado de ánimo. No hacerlo bien puede causar suficiente daño como para deshacer todos tus esfuerzos anteriores y, una vez hecho, la diferencia en tus plantas es obvia. Por eso, debes saber regar tus plantas correctamente.

Este capítulo proporcionará información sobre cómo regar adecuadamente tus suculentas y cactus para evitar un riego excesivo o insuficiente. Además, aprenderás diferentes técnicas y las herramientas adecuadas a utilizar. Cuando pongas en práctica la información de este capítulo, te convertirás en un profesional en lo que se debe y no se debe hacer al regar cactus y suculentas.

Los particulares requerimientos de agua de cactus y suculentas

Los cactus y las suculentas tienen distintas necesidades de agua, lo que los diferencia de la mayoría de las plantas comunes. Esta característica les ha ayudado a prosperar en zonas áridas, regiones semiáridas y zonas con poca disponibilidad de agua. Por lo tanto, comprender tus distintas y peculiares necesidades de agua de estas estas fascinantes y resistentes plantas en tu hogar es esencial para cultivarlas y cuidarlas exitosamente. A continuación, te damos algunos tips para regar correctamente tus cactus y suculentas.

Los cactus y las suculentas tienen distintas necesidades de agua
https://pixabay.com/photos/cactus-watering-can-houseplant-4161380/

1. Riego poco frecuente

Regar los cactus y las suculentas con poca frecuencia es vital para cuidarlos. Dado que a estas plantas no les va bien en condiciones de humedad, asegúrate de regar solo cuando la tierra esté completamente seca. Evita iniciar un programa de riego regular para tus cactus y plantas suculentas.

No es lo mismo regar pocas veces tus plantas que descuidarlas. Cuando descuidas tus plantas, se debilitarán y se marchitarán. Por lo tanto, riega tus suculentas y cactus cada catorce días en verano y cada treinta a cincuenta días durante el invierno.

2. Técnicas de riego

Al igual que la frecuencia de riego, la técnica de riego de las suculentas y cactus difiere de la del resto de plantas. La mayoría de las plantas se riegan de arriba a abajo, pero las suculentas y los cactus se riegan desde abajo. Esto asegura que solo se mojen las raíces y que la planta superior permanezca seca.

3. Tolerancia a la sequía

No es ninguna novedad el mencionar que las suculentas y los cactus prosperan en áreas donde no se encuentran otras plantas, debido a su adaptabilidad a las áreas áridas, conocidas por su naturaleza seca y dura. Las suculentas y los cactus poseen tejidos especiales para almacenar agua, como tallos y hojas carnosos, lo que los hace tolerantes a la sequía. Por lo tanto, no los ayudarás manteniéndolos mojados mediante un calendario de riego por la mañana y por la noche.

4. Suelo con buen drenaje

Un suelo que drene eficazmente o permita que el agua fluya libremente es otro requisito clave para regar plantas suculentas o cactus. Una mezcla para macetas con buen drenaje debe contener materiales como arena, piedra pómez o perlita, ya que estos elementos evitarán que el agua se acumule alrededor de la base de la planta. Además, son una gran opción porque ayudan a la aireación del suelo, fundamental para la salud de las raíces.

5. Agua de lluvia y calidad del agua

El agua de lluvia es otro requisito para regar plantas suculentas o cactus. Aun así, debido a que no siempre es accesible, puedes usar agua del grifo después de dejarla reposar durante al menos un día. Al dejar reposar el agua del grifo, el cloro y otros químicos se evaporan, lo que le permite usarla para regar tus plantas.

También puedes utilizar aguas grises o de reciclaje en lugar del agua de lluvia. Estas aguas grises se producen cuando el agua doméstica del fregadero, la ducha u otras partes de la casa se reutiliza después de una filtración e irrigación adecuadas.

Además, puedes utilizar agua destilada. Sin embargo, el agua destilada sólo debe usarse ocasionalmente porque no contiene minerales esenciales.

6. Ajuste estacional

Los cactus y las suculentas son más activos durante las temporadas de crecimiento como el verano y la primavera. En estas estaciones requieren un extra de agua. Sin embargo, más agua no se traduce en la misma cantidad de agua que usaría para otras plantas de tu jardín. Simplemente significa que el riego debe realizarse con más frecuencia de lo normal. Por el contrario, durante estaciones como el otoño o el invierno, que es su fase de inactividad, se necesita muy poca agua.

7. Observación y adaptación

Existen diferentes especies de cactus y suculentas, y la distinción en este tipo de plantas también significa una distinción en tus necesidades. Los requisitos específicos de agua de estas plantas pueden influir en su rendimiento. Así que, después de conseguirlas, vigílalas de cerca durante las primeras semanas para saber cuánta agua necesita cada planta.

8. Entorno vegetal

El entorno donde plantas tu suculenta o cactus también influye en la cantidad de agua que necesitan. Por ejemplo, tienden a secarse cuando se plantan en contenedores en lugar de plantarlas directamente en el suelo. Por lo tanto, si tu planta está en un recipiente, necesitará un riego más frecuente que cuando esté plantada en el suelo.

En resumen, los requisitos especiales de agua de los cactus y las suculentas giran en torno a su capacidad para almacenar agua, su tolerancia a las condiciones secas y la necesidad de riego poco frecuente y de un suelo con buen drenaje. Comprender estas necesidades específicas y brindar la atención adecuada puede ayudar a que estas extraordinarias plantas prosperen en tu hogar o jardín.

Riesgos de regar excesivamente o de forma insuficiente

En el proceso de riego, muchos propietarios de suculentas y cactus no pueden conseguir el equilibrio perfecto entre regar demasiado o muy poco. Esta sección analiza los riesgos que se ocasionan por ambas condiciones.

Riesgos de regar excesivamente las suculentas y los cactus

Los cactus y las suculentas están diseñados para almacenar agua en tus tejidos, por lo que es fundamental no regarlos en exceso. El riego excesivo es una de las causas más comunes de problemas con estas plantas. En caso de duda, es más seguro regar con menos frecuencia. Las prácticas de riego adecuadas ayudarán a que tus cactus y suculentas prosperen y evitarán posibles problemas causados por el exceso de humedad. Los siguientes son los peligros del riego excesivo:

- **Se pudre la raíz**

Un efecto importante del riego excesivo es la pudrición de las raíces. Dado que el agua se aplica a la base de la planta y se acumula alrededor de la base, las raíces pueden verse afectadas por el exceso de agua. Cuando las raíces permanecen en el agua durante demasiado tiempo, se ablandan y se deterioran. Este proceso de descomposición interfiere con su función natural, impidiéndoles absorber adecuadamente los nutrientes del suelo.

- **Problemas de bacterias**

Otro problema del exceso de riego es la multiplicación de bacterias. Los microbios se multiplican en grandes cantidades cuando las plantas se deterioran y pudren en ambientes húmedos.

- **Problemas de hongos**

Las infestaciones de hongos son un problema directo del exceso de riego. Este problema acompaña frecuentemente a la pudrición de las raíces, lo que crea el ambiente perfecto para la aparición de estos microorganismos. Las infecciones por hongos, como el moho gris y el oídio, provocan la desfiguración y en ocasiones incluso la muerte de estas plantas si el problema no se trata a tiempo.

- **Infestaciones de insectos**

La infestación de insectos es otro riesgo clave provocado por el riego excesivo de cactus o suculentas. Ciertos insectos, como los tisanópteros o las cochinillas, prefieren las zonas húmedas y les encanta vivir en las partes húmedas de las plantas. Cuando las suculentas y los cactus se riegan en exceso, los insectos o plagas infestan los cactus o las suculentas en su estado debilitado y comienzan a reproducirse. Estos insectos ponen tus huevos en lo profundo del tejido de la planta y, a medida que maduran, las larvas se alimentan del delicado interior de las hojas, los botones florales o los tallos de la planta. Después de eso, la infestación se apodera de la planta, haciendo casi imposible erradicarla del todo.

Riesgos de un bajo riego para suculentas y cactus

En el proceso de riego, muchos propietarios de suculentas y cactus no pueden conseguir el equilibrio perfecto entre regar demasiado o muy poco

Sreyasvalsan, CC BY-SA 4.0<https://creativecommons.org/licenses/by-sa/4.0>, a través de Wikimedia Commons: https://commons.wikimedia.org/wiki/File:Drought_in_a_Lake.jpg

- **Cactus marchitos**

En el proceso de evitar el riego excesivo, podrías terminar regando insuficientemente, lo que resultará en un cactus marchito. El marchitamiento ocurre cuando hay muy poca agua e hidratación en los tejidos de la planta. Esta deshidratación también provoca una contracción y un crecimiento distorsionado de las plantas.

- **Apariencia amarillenta en los cactus**

Cuando los cactus no reciben suficiente agua, comienzan a ponerse amarillos. Las plantas se vuelven amarillas cuando les resulta difícil producir clorofila debido al daño que se produce en tus raíces.

- **Marchitamiento del cactus**

Una de las muchas funciones del agua en los cactus es ayudar a mantener la forma de la planta. Sin suficiente agua dentro de ellos, comienzan a caerse y marchitarse. Sin embargo, el marchitamiento es más frecuente en cactus o suculentas con una postura más erguida y delgada, lo que se nota al verlos ponerse blandos y no poder sostenerse por sí mismos.

- **Hojas con manchas marrones secas**

La deshidratación de estas plantas puede provocar manchas o parches marrones en tus hojas. Cuando están deshidratados y demasiado cerca de una fuente de calor o frente a la luz solar directa, se vuelven susceptibles a sufrir daños y quemaduras por calor, que lucen como manchas secas de color marrón.

- **Manchas marrones en los bordes y puntas de las plantas**

Los tejidos de los cactus son carnosos y cuando la planta no se riega lo suficiente, aparecen manchas marrones alrededor de los bordes y puntas de la planta.

- **Rizado de hojas**

Cuando tus cactus o suculentas no están bien regados, el mecanismo de defensa de la planta es acurrucarse. Hacen esto para ahorrar el agua que les queda, lo que hace que tus raíces eventualmente se pudran.

- **Espinas débiles**

La falta de hidratación adecuada en estas plantas puede provocar espinas quebradizas, débiles y frágiles. Cuando tus columnas se debilitan, se caen por sí solas o al tocarlas. Como en el caso de las hojas rizadas, las espinas débiles también pueden ser un síntoma de exceso de riego.

- **Raíces quebradizas**

Cuando las raíces de las plantas no reciben tanta agua como deberían, se vuelven quebradizas y secas. La falta de nutrientes y de humedad las vuelve frágiles, provocando que se rompan con facilidad.

Cómo determinar la frecuencia de riego adecuada

Hay varios factores a considerar al calcular la frecuencia de riego adecuada para tus suculentas y cactus específicos, como el tamaño, las especies de plantas, la etapa de crecimiento, las características del suelo, las condiciones ambientales, etc. Para determinar la frecuencia de riego adecuada, sigue las siguientes pautas:

1. Entiende las especies

Las suculentas y los cactus tienen diferentes subespecies, cada una con diferentes necesidades de agua. Algunas son más tolerantes a la sequía, mientras que otras requieren un riego más regular. Investiga los requisitos de agua específicos de tus especies de cactus y suculentas.

2. Considera la edad de crecimiento

A la hora de regar hay que tener en cuenta la edad de crecimiento de tu planta. Si tu planta es joven, requerirá riego frecuente, y si es vieja, no necesitará tanta agua como cuando era joven.

3. Evalúa las condiciones ambientales

Los requisitos y la frecuencia de agua de las plantas están influenciados por su exposición al calor y la luz solar directa. Los cactus requieren exposición a luz brillante y temperaturas cálidas, lo que aumenta la tasa de evaporación del agua. Por lo tanto, asegúrate de que tu programa de riego se ajuste de acuerdo con el entorno donde vive tu planta.

4. Verifica la tierra y la mezcla para macetas

Usa tierra con buen drenaje o una mezcla de cactus especializada para evitar el encharcamiento y la pudrición de las raíces. El suelo debe permitir que el exceso de agua se escurra rápidamente.

5. Reconoce los signos de la sed

Presta atención a tus cactus y suculentas para encontrar signos de deshidratación. Algunos signos de deshidratación incluyen un ligero marchitamiento, espinas secas, decoloración de las raíces o encogimiento de la planta. Cuando notes estos signos, riega tus plantas.

6. Realizar la prueba del dedo

La prueba de los dedos es un truco genial que debes aprender como jardinero experimentado de suculentas y cactus. Introduce el dedo en la tierra aproximadamente 2,5 cm (una pulgada). Vuelve a levantar el dedo después de alcanzar esa profundidad y verifica si hay signos de humedad. Riega solo cuando el suelo esté completamente seco a esa profundidad.

7. Usa el método de remojo y secado

Cuando riegues tus cactus y suculentas, riégalos bien hasta que el agua se escurra por el fondo de la maceta. Asegúrate de permitir que la tierra se seque por completo antes de volver a regar. Evita el riego ligero y frecuente, ya que esto puede provocar un crecimiento superficial de las raíces.

8. Riegue con moderación en invierno

Durante los meses de inactividad invernal, los cactus y suculentas requieren menos agua. Reduzca la frecuencia de riego a 30-50 días para evitar el exceso de agua durante este período.

9. Evita regar la corona

Riega la tierra alrededor de la base de la planta evitando el contacto directo con la copa de la planta (la parte central de donde emergen las espinas). El riego excesivo de la corona puede provocar que la planta se pudra.

10. Implementa un programa de riego

Desarrolla un programa de riego basado en las necesidades específicas de tus cactus y suculentas. Mantén registros para ayudarte a realizar seguimiento y hacer los ajustes cuando sea necesario.

11. Riego controlado

Un sistema de riego automatizado proporciona agua a intervalos específicos, lo que garantiza niveles de humedad constantes.

Cómo elegir las herramientas de riego adecuadas

A la hora de regar cactus y suculentas, es fundamental elegir las herramientas adecuadas para proporcionar agua de forma controlada y precisa. A continuación, se muestra una selección de herramientas ideales para dicha tarea.

- **Regadera con pico estrecho**

Escoge una regadera que tenga un pico largo y estrecho. Este tipo le ayuda a dirigir el agua directamente a la base de las plantas. También te ayuda a evitar que, entre agua en el cuerpo o la copa de la planta, evitando que se pudra u otros problemas. Una regadera de pequeña capacidad es perfecta para cactus y suculentas, que generalmente prefieren un riego poco frecuente pero completo.

- **Botella pulverizadora con ajuste de niebla fina**

Escoge una botella rociadora con una configuración de niebla fina que riegue suavemente los pequeños cactus y suculentas. Es útil cuando se propagan suculentas o se riegan plantas pequeñas con follaje delicado. Esta botella también puede ayudarle a evitar el riego excesivo porque la niebla controla la cantidad de humedad que reciben las plantas.

- **Varita de riego con flujo ajustable**

Otro buen equipo que puedes tener es la varilla de riego. Este instrumento tiene un flujo ajustable para cactus, suculentas o varias plantas más grandes en la misma área. El flujo ajustable le permite controlar la presión del agua, proporcionando un flujo constante para llegar a toda la zona de la raíz.

- **Bandeja y platillo**

Para el método de riego por el fondo se necesitan bandejas y platillos. Este método es una buena opción para cactus y suculentas con hojas sensibles o espinas densas. Se hace colocando las plantas en macetas en una bandeja o platillo lleno de agua y dejándolas absorber agua de abajo hacia arriba a través de orificios de drenaje hasta que la capa superior del suelo esté húmeda. Vacíe la bandeja después de un tiempo.

- **Usa tierra y contenedores con buen drenaje**

Usa tierra con buen drenaje y recipientes con orificios de drenaje para evitar que el agua permanezca alrededor de las raíces por mucho tiempo.

Cómo evaluar eficazmente los niveles de humedad del suelo

Conocer la humedad del suelo de una planta es esencial para determinar cuándo regarla. Sin embargo, puede resultar complicado determinar cuándo las suculentas y los cactus tienen una humedad del suelo determinada. Puedes evaluar la humedad del suelo adecuadamente utilizando las técnicas que se enumeran a continuación:

- **Usa un medidor de humedad**

Coloca la sonda del medidor de humedad en el suelo a diferentes profundidades para medir los niveles de humedad. Este medidor indicará si el suelo está seco, húmedo o saturado.

- **Realizar la prueba del dedo**

Una prueba con los dedos es otra buena forma de comprobar el contenido de humedad del suelo. Si la tierra se siente seca, es necesario regarla. Si se siente ligeramente húmeda, se riega adecuadamente. El suelo saturado se sentirá demasiado húmedo.

- **Verifica el peso del contenedor**

Levante el recipiente para medir su peso al regar la planta. Levántelo con regularidad para sentir la diferencia de peso cuando se vuelva notablemente más liviano (la tierra húmeda será más pesada que la seca).

Consideraciones sobre la calidad y la temperatura del agua

La calidad y la temperatura del agua son cosas que deben comprobarse antes de utilizar la salida de agua más cercana. No toda el agua es adecuada. Aquí hay algunos factores a monitorear.

- **Efectos del cloro**

El cloro, un desinfectante común que se encuentra en el agua del grifo, puede tener efectos perjudiciales en el delicado equilibrio dentro de los sistemas de raíces de los cactus y suculentas. Puede destruir los organismos necesarios para las plantas, dañando así las raíces de las plantas. Por lo tanto, no uses agua del grifo clorada en tus suculentas y cactus.

- **Efectos del flúor**

Presta atención al fluoruro en el agua también. Los niveles excesivos de fluoruro pueden ser tóxicos para tus plantas. Ten cuidado al usar agua del grifo, no solo por el cloro, sino también por el fluoruro, ya que algunas regiones tienen niveles naturalmente altos del mismo. El uso de agua filtrada puede reducir significativamente el riesgo de toxicidad por fluoruro en tus cactus y suculentas, promoviendo su longevidad y vitalidad.

- **Contenido mineral excesivo**

El agua rica en minerales conduce gradualmente a la acumulación de sales en el suelo de tus cactus y suculentas. Esto potencialmente puede dañar los sistemas de raíces de tus plantas. El lavado regular del suelo es una buena manera de prevenir esta acumulación. De vez en cuando, riega bien tus plantas, permitiendo que el agua fluya a través del suelo, eliminando el exceso de sales. Esta práctica ayudará a una saludable absorción de nutrientes y al crecimiento de las raíces.

¡Felicidades! Con este conocimiento, estarás encaminado a ser dueño de un jardín increíble con las suculentas mejor cultivadas. La próxima vez que alguien te hable sobre el mito de los cactus suculentos, podrás corregirlo. Todo jardín necesita suculentas y cactus, y no cualquier tipo. Los bien cultivados mejorarán la estética de tu jardín. Con tu nueva comprensión, dale vida al jardín de tus sueños.

Capítulo 5: Salud, cuidado y mantenimiento de cactus y suculentas

Adoptar un cactus en tu hogar suele ser un proceso que no requiere esfuerzo y agrega un toque de contraste y color. Como vienen en casi todas las formas, tamaños y colores, combinarlos con la decoración no debería ser un gran desafío. Ya sea que elijas colocarlos en tu hogar, plantarlos en tu jardín o ponerlos en el alféizar de tu ventana, es fundamental estar familiarizado con las necesidades de tus nuevos huéspedes en casa. Los cactus son conocidos por ser plantas tolerantes y de bajo mantenimiento que requieren poco o casi ningún cuidado. Sin embargo, un error común es creer que todos los cactus crecen en el desierto. Esto no es del todo cierto. De hecho, algunos cactus crecen en los bosques y están acostumbrados a vivir en ambientes húmedos y mojados. Algunos cactus pueden soportar ambientes más áridos, presentes en climas muy cálidos y en otros fríos con temperaturas bajo cero.

Para poder cuidar adecuadamente tu planta de interior sin problemas, lo mejor que puedes hacer es recrear su hábitat natural. Los cactus del desierto pueden prosperar en interiores. Con el cuidado adecuado y el mantenimiento proactivo, quedará una hermosa sinfonía de colores y formaciones inusuales que agradan a la vista y, en algunos casos, tienen propiedades curativas.

Los cactus del desierto prosperan en interiores
https://www.pexels.com/photo/the-sun-shining-through-the-blinds-into-a-room-with-a-sofa-and-a-plant-18246654/

Detectar cualquier irregularidad en tu planta a tiempo evita que las complicaciones se conviertan en un problema. Por ejemplo, asegurarse de que no haya plagas ni pudriciones en las primeras etapas de crecimiento puede evitar que los problemas se extienden al resto de la planta. En algunos casos, un diagnóstico precoz puede proteger a las plantas vecinas si se trata de una formación apretada de varios cactus o suculentas uno junto al otro, ya sea en un jardín o en una maceta de interior.

A medida que avance en este capítulo, podrás identificar los signos de un cactus saludable frente a uno que puede tener dificultades para mantenerse a sí mismo. Encontrarás información esencial sobre cómo cuidar y proteger tus suculentas para que no se marchiten.

Prácticas de cuidado esenciales

Existen algunas prácticas básicas que le ayudarán a emprender el camino correcto para tener cactus sanos y vibrantes. Es posible que hayas pasado por alto algunos de estos puntos durante el cuidado inicial del cactus. Estas son las primeras cosas que debes tachar de tu lista para tener una rutina de cuidado de cactus sin complicaciones.

Hágase la luz

Después de verificar el tipo de cactus que tienes y el hábitat natural que necesitas crear para que florezca, considera la cantidad de luz a la que lo estás exponiendo. A la mayoría de los cactus les gusta bañarse al sol, incluso los de interiores. Busca una ventana o un rincón de tu jardín orientado al sur para colocar tu cactus. Asegúrate de no exponerlo al sol directo y caliente, ya que eso puede dar como resultado un cactus de color amarillo o marrón (quemado por el sol) en lugar de tonos verdes vibrantes o coloridos.

Si tu cactus se vuelve amarillo, intenta trasladarlo a un lugar protegido de la luz para que se enfríe. Además, no lo coloques cerca del aire acondicionado o de una corriente de aire fuerte, ya que lo seco y lo cálido es su lenguaje de amor.

A los cactus que viven en el bosque, tales como el Rhipsalis, es necesario darles sombra para protegerlos de la luz solar directa, mientras que su prima Echeveria disfruta muchísimo de sus días al sol.

En los meses más fríos del año, alrededor del otoño y el invierno, es esencial mantener un clima fresco de alrededor de 46,4°F a 50°F. A medida que llegan el verano y la primavera, las plantas necesitan más aire, pero no tendrán inconvenientes con la exposición a las altas temperaturas.

También se sabe que los cactus de interior muestran patrones de crecimiento más rápidos cuando se les saca durante las noches de verano, cuando el clima ronda los 122°F.

Asegúrate de que estén adecuadamente hidratados

Los cactus se parecen a los camellos. Almacenan agua durante largos períodos y, en primer lugar, no necesitan tanta para sobrevivir. Existe una delgada línea entre el riego excesivo y el insuficiente. Cada situación tiene tus inconvenientes. Si agregas demasiada agua a tu planta, estás retrasando e impidiendo su crecimiento. También puede pudrir las raíces y la planta podría desarrollar costras que parecen áreas oxidadas en el tallo. Si agregas muy poca agua, tu cactus se doblará, se marchitará y eventualmente morirá. Obviamente, no quieres eso para tu invitado de invernadero.

Una forma de comprobar si tu cactus tiene sed es revisando el suelo. Echa un vistazo a las dos o tres pulgadas superiores y, si están completamente secas, es hora de darle un trago de agua.

A la hora de regar, si puedes y tienes fácil acceso, evita el agua del grifo y utiliza una fuente más natural, como la lluvia. Esto se debe a que el agua del grifo contiene ciertos minerales que se acumulan en el suelo y son perjudiciales para las plantas. También pueden alterar el flujo de nutrientes del que depende la planta.

El riego durante los meses calurosos se debe realizar aproximadamente una vez por semana. Entre riegos, debes asegurarte de que la tierra drene correctamente y dejar que se seque un poco antes de la próxima vez. Si queda agua sobrante que no se ha drenado, asegúrate de vaciarla.

El riego es un poco más subjetivo en los meses más fríos, dependiendo del medio ambiente y de la rapidez con la que se seca el suelo entre riegos. Este es un momento en el que las plantas entran en lo que se llama un período de descanso. Para los cactus que florecen durante el invierno, asegúrate de proporcionarles un ambiente cálido y regarlos con regularidad. Los habitantes del desierto no necesitan tanta agua como crees y pueden dejarlos solos durante períodos prolongados.

Mantén el suelo

Asegurarse de que el suelo drene correctamente es el primer paso. Asegurarse de que la tierra esté aireada es el segundo paso, y mantener la mezcla correcta de tierra, arena y material orgánico es el tercer paso para lograr cactus sanos y felices.

Sigue las instrucciones de tu fertilizante al pie de la letra. Según las instrucciones impresas, algunos nutrientes de los cactus deben diluirse antes de tu uso. Al igual que con el riego, no alimentes tu planta ni en exceso ni muy poco.

Limpia tu planta y el entorno que la rodea

Cada pocas semanas, aplica un paño húmedo a tu cactus y límpialo para asegurarse de eliminar el polvo o los residuos adheridos. Asegúrate de usar equipo de protección y guantes para no salir con las manos ensangrentadas.

Si bien la mayor parte de la poda de cactus se realiza para propagar nuevas plantas con crías pequeñas, la poda también forma parte de la limpieza habitual. La poda del cactus se puede realizar como método para controlar su crecimiento o eliminar los trozos muertos y dañados antes de que se propaguen. Esto se hace utilizando tijeras de podar limpias y afiladas. A medida que el cactus comience a crecer, reorganiza las rocas que agregaste al inicio para darle calor y protección.

Estrategias de prevención de plagas y enfermedades

Un elemento disuasivo contra las plagas y enfermedades de los cactus puede provenir simplemente de ser proactivo. No esperes a que tus cactus muestren signos de dolencias que puedan llevar a tener que cortarles partes o usar productos químicos agresivos para tratarlos. Existen algunas técnicas que se pueden seguir para prevenir plagas y enfermedades.

Inspecciona las raíces

Observa de cerca las raíces de tus cactus cada dos o tres meses. Algunas enfermedades pueden tardar meses en mostrar signos físicos en la planta. Puedes limitar la terrible experiencia de tu planta revisando sus raíces, ya que la mayoría de los problemas comienzan desde allí y ascienden por el tallo y las hojas.

Riego excesivo

Regar demasiado los cactus puede provocar que las raíces se pudran fácilmente. Agregar demasiada agua o regar con más frecuencia de la necesaria crea un terreno fértil para que crezcan las enfermedades fúngicas. Entonces, en lugar de llegar a un punto en el que necesites recortar las raíces y trasplantar la planta con la esperanza de salvarla, sigue las instrucciones adecuadas para regar tu planta, asegurándote de que la tierra drene adecuadamente.

Mantén una buena higiene para tu planta

Es mucho menos probable que las plantas sanas atraigan plagas y enfermedades. Asegúrate de seguir cuidadosamente las instrucciones de cuidado específicas de tu especie de cactus. Esto incluye luz solar adecuada sin sobreexposición, técnicas de riego adecuadas y una mezcla de tierra adecuada específica para cactus que drene adecuadamente. Además, asegúrate de limpiar periódicamente la maceta de hojas caídas y flores muertas.

Pon en cuarentena a tus plantas recién llegadas

Para evitar la transferencia de plagas y enfermedades que pueden haber pasado desapercibidas antes de comprar tus plantas, asegúrate de separar tus plantas nuevas de las viejas. Inspeccione cuidadosamente las raíces y hojas del recién llegado hasta que esté seguro de que están libres de plagas y enfermedades. Si descubres algún problema trátalo inmediatamente o desecha la planta para evitar contaminar el resto.

Asegúrate de separar tus plantas nuevas de las viejas
https://pixabay.com/photos/fat-plants-terracotta-pots-2734948/

Jabón insecticida

Antes de aplicarle algo así a tu planta para limpiarla, asegúrate de leer la etiqueta con mucha atención, ya que algunos de estos productos son perjudiciales para las plantas. Verifica y vuelve a verificar para asegurarse de que no tengan ningún efecto secundario negativo. Incluso después de hacerlo, úsalo solo en una pequeña parte para probarlo antes de esparcirlo sobre las partes restantes.

Riego muy pobre

Aunque hayas optado por una planta resistente que necesita muy poca agua una que otra vez, esta planta sigue necesitando agua. Olvidarse de hidratar los cactus es una forma segura de que se marchiten y mueran desde la raíz hacia arriba.

Usa fertilizante orgánico

Los fertilizantes no orgánicos también pueden ser una fuente de plagas y enfermedades. Contienen cantidades variables de metales pesados como zinc y cobre que son perjudiciales para las plantas. Estos fertilizantes debilitan a la planta y la dejan vulnerable si es atacada por plagas y enfermedades. Escoge fertilizantes y alimentos orgánicos tanto como sea posible.

Traumas físicos

Trata a tu cactus con cuidado. Al moverlo, plantarlo y trasplantarlo, asegúrate de no golpearlo con ningún objeto afilado o pesado. Estas lesiones físicas lo hacen más susceptible a las infecciones.

Ten en cuenta la temperatura

Las fluctuaciones de temperatura pueden afectar fácilmente a tus cactus, especialmente si tu área no se parece a su hábitat natural. Por ejemplo, intenta trasladar los cactus al interior de tu casa durante los inviernos fríos para mantenerlos calientes y alejados del frío intenso. La humedad del clima también puede causar enfermedades, dependiendo de la especie de cactus. Mientras que algunos prosperan en climas húmedos y crecen más rápido, otros prefieren un ambiente más seco para mantenerse alejados de hongos y plagas.

Mezcla de suelo

Como se mencionó anteriormente, los cactus se benefician de una mezcla de diferentes proporciones de tierra, arena y material orgánico en su suelo. Sin embargo, aumenta la proporción de uno u otro en lugar de utilizar una mezcla similar para cada planta. Por ejemplo, demasiada arena puede dañar fácilmente el cactus, dificultándole la absorción de agua y nutrientes del suelo. Ten en cuenta la mezcla adecuada para tu planta antes de plantarla.

Necesidades nutricionales y fertilización

Hay más de una opción para elegir cuando se trata del fertilizante más adecuado y seguro para la especie que estás criando. Ya sea orgánico o industrial, la primera y principal regla es seguir las instrucciones. No alimentes en exceso ni muy poco. No uses fertilizantes que puedan dañar la planta. Y no experimentes sin saber lo que estás haciendo.

La razón por la que deberías considerar nutrientes adicionales para tus cactus es por la composición del suelo utilizada para la planta. La mezcla de arena y medio de fácil drenaje no promueve una suficiente retención de nutrientes, por lo que los mismos se eliminan fácilmente antes de que el cactus pueda beneficiarse de ellos. Por lo tanto, se necesita una mano extra.

A continuación, explorarás los aditivos nutricionales más comunes y recomendados que pueden beneficiar las plantas de tu hogar o jardín.

Nutrientes primarios y macronutrientes

Hay tres macronutrientes principales y primarios que toda planta necesita para prosperar y crecer. El nitrógeno promueve la buena salud del tallo y el follaje; el fósforo promueve una floración fuerte, así como raíces estables y saludables; y el potasio sirve para ayudar a absorber los nutrientes necesarios y combatir las enfermedades.

Al seleccionar el fertilizante, notarás que todos tienen la proporción de NPK indicada en la parte posterior del paquete. Ahora bien, por muy importante que sea obtener el ajuste y la proporción adecuados para tu especie de planta, una proporción comúnmente recomendada de NPK es 6-6-6, que generalmente favorece el crecimiento del cactus.

Hay otros tipos en los que puede encontrar una proporción que oscila entre 10-10-10 y 20-20-20, lo que tampoco es una mala elección, pero es posible que deba diluirse un poco más que los demás para evitar el exceso de fertilización y el aminorar el riesgo de dañar las raíces.

Elegir un fertilizante con microorganismos añadidos mejora las condiciones de la maceta para compensar los bajos niveles de nutrientes.

Fertilizante orgánico

Esta es tu mejor opción para fertilizar tus cactus. Hay bastantes para elegir, según tus necesidades.

Estiércol de compost: si vives cerca de una granja y cultiva cactus al aire libre, el estiércol animal natural es conocido por retener y proporcionar nutrientes invaluables que benefician a tus plantas.

Ya sea de ovejas, vacas o pollos, cualquiera de estas opciones debería proporcionarle un fertilizante ecológico y respetuoso con el medio ambiente para tus plantas.

También puedes usarlo en interiores, siempre y cuando tengas en cuenta que el olor puede persistir un poco más en un espacio cerrado.

Humus de lombriz: son básicamente estiércol de lombrices. Este tipo de fertilizante es rico en humus, mejora la ventilación de la mezcla de tierra de los cactus y equilibra los niveles de pH. Es rico en más de 60 micronutrientes. Junto con el NPK, contienen cantidades de magnesio, carbono, hierro, zinc y muchos otros nutrientes. También ayudan a absorber metales pesados de la mezcla del suelo, lo que reduce la posibilidad de que la planta los retenga en cantidades tóxicas.

Bolsitas de té: son pequeñas bolsitas de té de estiércol que se remojan en agua y se agregan a las plantas. Se presentan en forma de bolsitas de té biodegradables. Para usarlas, debe remojarlas en unos cinco galones de agua entre 24 y 36 horas hasta que el agua adquiera un color marrón dorado. Luego usas el agua la próxima vez que necesites hidratar tu planta.

Fertilizante líquido y granulado

Los fertilizantes vienen en muchas formas: en polvo, líquidos o gránulos. Los fertilizantes líquidos y en polvo se diluyen antes de tu aplicación en los cactus. Las raíces absorben fácilmente estos nutrientes, pero, lamentablemente, también se eliminan fácilmente, por lo que puede ser necesaria más de una aplicación para obtener un resultado óptimo.

En cuanto a los fertilizantes granulados, se trituran, se esparcen sobre la mezcla de tierra y luego se riegan. Estos tipos son más concentrados y duran hasta nueve meses. La mejora resultante se puede observar en dos semanas. Asegúrate de que la proporción de NPK sea baja para evitar quemaduras de raíces.

Estacas de fertilizante

Éstas, al igual que los gránulos, se consideran fertilizantes de liberación lenta. No ensucian y son fáciles de usar. Todo lo que necesitas hacer es colocar la estaca en la mezcla para macetas al comienzo de la temporada de crecimiento y regar la planta según sea necesario para esa especie. Además, tienen una duración de nueve meses y, al no ser visibles, son aptos para niños y mascotas.

Cambio de macetas y trasplante

A medida que tu planta crezca en tamaño o si desea reubicar una recién comprada, probablemente consideres trasplantarla a una maceta nueva. Otra razón por la que puede considerar esto es si la planta fue infectada con plagas o enfermedades y necesita una reasignación limpia y fresca mientras desinfectas y limpias su antiguo hogar. Hay un par de técnicas sencillas para tener en cuenta para mantener un cactus sano y realizar el trasplante con éxito.

Una maceta con agujeros en la base para escurrir el exceso de agua es la mejor opción. Un buen drenaje protege las raíces de los cactus de la pudrición. Sin embargo, eso no descarta por completo la idea de utilizar una maceta normal; sólo necesitas tener un poco más de cuidado al regarla.

Asegúrate siempre de que la tierra esté completamente seca antes de regarla y use ¼ de taza o ½ taza de agua cada semana o dos. Esto debería permitir que tu cactus esté contento.

Ahora veamos el procedimiento real de un trasplante saludable;

- Asegúrate de regar bien tu planta antes del procedimiento y de drenar adecuadamente cualquier exceso.
- Mientras retiras el cactus, usa guantes protectores y toallas de papel dobladas para proteger tus manos.
- Abre la tierra vieja usando palillos para separar las raíces sin dañarlas.
- Agregue la mezcla para macetas al nuevo hogar y asegúrate de que tenga un diámetro un poco más ancho, colocando tu planta en la parte superior.
- Agregue más mezcla para macetas y compacta la tierra con la mano.
- No riegues la planta por unos días para evitar dañar las raíces.

Ajustes de atención estacional

El cuidado de tus amigos espinosos difiere ligeramente de una temporada a otra. Hay algunas diferencias en el riego y la ubicación que deben tenerse en cuenta a medida que llega el clima más frío o más cálido.

Primavera y verano

A medida que el clima se calienta, debes reconsiderar tu programa de riego. Si estás en un ambiente soleado donde tus plantas pueden estar expuestas a mucho calor, se aconseja regar los cactus una vez por semana. Antes de regar, asegúrate de que la tierra esté bien drenada y seca. Ten cuidado de no quemar tu cactus alejándolos de la luz solar directa. Colócalos en un área sombreada con suficiente acceso al sol para evitar que las hojas y los tallos se decoloren. Además, asegúrate de que el lado norte del cactus esté orientado hacia el norte, lo cual debe estar marcado de antemano. Si mantienes tus cactus en interiores, sería preferible utilizar una ventana orientada al sur. La luz no se limita únicamente al sol, ya que puedes mantener iluminada la planta con lámparas de interior.

Otoño e invierno

A medida que llegan los meses más fríos, es posible que tengas que reducir un poco el consumo de agua. Como siempre, asegúrate de que la mezcla para macetas se haya secado completamente entre riegos. La frecuencia con la que elijas regar tus cactus depende del clima y el entorno en el que se encuentren, además de lo diferente que sea el lugar en el que se encuentran con respecto a su hábitat natural. Los cactus del desierto y los cactus que florecen en invierno necesitan cuidados diferentes. Mientras unos pueden prosperar con poca agua y resistir el frío, los otros pueden necesitar calor y sesiones de riego adicionales.

Asegúrate de que tus cactus estén bien protegidos de las duras corrientes de aire invernales, especialmente si son cactus de interior o no son habitantes del desierto acostumbrados a las noches más frías.

Hacia finales de febrero, cerca del final del invierno, Considera rociar "Preen", un preventivo de malezas que hace que la tarea de desmalezar sea mucho menos ardua.

Capítulo 6: Podar y modelara impresionantes suculentas

Las suculentas requieren un mantenimiento de rutina porque van creciendo poco a poco y eventualmente superan sus contenedores. Si notas que tus suculentas, que alguna vez fueron cuidadosamente cultivadas, se ven descuidadas, es hora de sacar las tijeras de podar.

Podar y modelara las suculentas no es un asunto complejo. Sólo necesita conocer algunos detalles para que el proceso sea sencillo. Este capítulo es una guía acerca de este proceso, cuáles son los beneficios, las herramientas y precauciones de seguridad necesarias para hacer el trabajo. Además, aprenderás algunas técnicas sobre cómo gestionar el crecimiento excesivo y la poda para lograr la salud y belleza de las suculentas, lo que, a la larga, prolongará la vida de estas.

Poda y modelado

La poda consiste en eliminar o cortar una parte de la planta, enredadera o árbol de suculenta que no es necesario para el crecimiento o que es peligroso para la salud y el desarrollo general de la planta. Por el contrario, el modelado es una forma especializada de poda centrada en diseñar y mantener la forma única de la planta suculenta. Estas técnicas se usan especialmente en topiaria, trasmochado, etc. En horticultura, la poda y el modelado mantienen y mejoran el patrón de crecimiento, el tamaño, la salud y la apariencia general de las plantas. Esto se lleva a cabo para mejorar el crecimiento de tu planta y es una forma eficiente de mantener plantas suculentas establecidas y en desarrollo. Ocasionalmente también ayuda a proteger a las personas, las propiedades y las plantas de enfermedades, plagas o daños. Esta es una técnica de mantenimiento a largo plazo.

La poda consiste en eliminar o cortar una parte de la planta, enredadera o árbol de suculenta que no es necesaria para el crecimiento o que es peligroso para la salud y el desarrollo general de la planta
https://www.pexels.com/photo/a-plant-on-a-clay-pot-9414306/

Beneficios de podar y modelar

Promueve el brote de ramas: podar y modelar para eliminar o cortar cualquier rama estancada fomenta un nuevo crecimiento, lo que da como resultado una planta suculenta más robusta y hermosa.

Mantiene la salud y la estética de las plantas: cuando se eliminan partes muertas, podridas o enfermas de plantas suculentas, se estimula su atractivo estético, así como la salud y apariencia general de la planta. La eliminación de las hojas muertas cierra la puerta a cualquier ataque secundario de plagas.

Controla el crecimiento: el control del crecimiento implica podar el tamaño general y la densidad de la planta. El moldeado, en este caso, se utiliza para crear una forma para la planta que sea agradable a la vista y buena para la planta.

Crear formas distintas: esta técnica le permite crear diseños únicos y especializados como topiarios, espalderas, trasmochos y setos.

Fomenta la simetría: crea uniformidad y mejora la apariencia simétrica a través de esta técnica, aumentando el atractivo visual general de la suculenta.

Fomenta la producción de flores y frutos: podar y modelar plantas, arbustos y árboles suculentos mejora la producción de frutos y flores. Esto se hace para estimular un dosel abierto en el que penetre más luz, fomentando así la producción de capullos florales.

Herramientas y precauciones de seguridad

Además de mantener la belleza de tus paisajismos, podar y modelar es vital para promover la salud y el crecimiento de tus plantas suculentas. Las herramientas adecuadas son necesarias para obtener los mejores resultados. A continuación, se muestra una lista de elementos imprescindibles, herramientas esenciales y equipos utilizados para esta tarea:

Tijeras de podar

Las tijeras de podar son las herramientas más utilizadas para modelar las flores, arbustos, enredaderas y crecimientos menores de un árbol. Las tijeras de podar están diseñadas para usarse con la mano y pueden cortar hasta ¾ de palos y ramas de árboles. Las tijeras de podar vienen en tres tipos: de trinquete, de yunque y de derivación.

Las podadoras de trinquete son como el yunque, pero fueron diseñadas para cortar en etapas. Son especialmente útiles cuando no quieres estresar tu muñeca. La podadora de yunque tiene una hoja recta que puede partir ramas y tallos secos. Una podadora de derivación es la más conocida de las tres y funciona tal como las tijeras.

Podadoras

Se necesitan podadoras para podar y modelar vides, nueces y árboles frutales. Pueden cortar ramas de hasta 2-1/2 pulgadas de espesor. Las podadoras son similares a las tijeras de mano, pero la hoja es más gruesa y el mango es muy largo. Al igual que las tijeras de podar, las podadoras también vienen en tres estilos.

Sierra de poda

Una sierra de podar viene en diferentes tamaños y es ideal para podar ramas de ¾ a 1 pulgada de diámetro. Plegar la sierra de podar facilita su transporte por la granja o el jardín. La sierra de podar es diferente de la sierra de mano o la sierra para metales que se ve en los grandes almacenes. Tiene una hoja curva, más estrecha y puntiaguda que puede quitar ramas fácilmente cuando se usa en un ambiente denso. Los dientes de la sierra de podar están bien colocados, lo que hace que la sierra corte en cualquier dirección, ya sea halando o empujando.

Sierra de pértiga y podadora de pértiga

¿Conoce esas pequeñas ramas de árboles que son difíciles de alcanzar? Bueno, una sierra de pértiga puede alcanzarlos y cortarlos. Es más seguro podar desde el suelo en vez de usar una escalera, y una sierra de pértiga le brinda esa ventaja para podar y modelar de forma segura desde el suelo. Una sierra de pértiga no es más que una hoja de sierra unida a una pértiga larga. Una podadora de pértiga, por otro lado, consta de un gancho fijo y una hoja suspendida que se controla mediante una cuerda, unida a un largo poste de madera. Se pueden cortar ramas de hasta 2 pulgadas de diámetro usando sierras y podadoras de pértiga.

Guantes de cuero a prueba de espinas

Algunas suculentas pueden actuar literalmente como un arma blanca contra tus manos, sin importar cuán bonitas o inofensivas parezcan. Sin embargo, no tienes que vestirte como si fueras a una colmena a buscar miel para cuidar tus plantas suculentas. Los rasguños y cortes de las plantas suculentas con bordes afilados se pueden prevenir usando guantes de cuero a prueba de espinas que te protejan hasta el codo para evitar lastimarte con las espinas.

Gafas protectoras

Estas gafas pueden ser grandes y hacerte parecer un poco nerd, pero lo bueno que tienen es que precisamente como son grandes protegen a tus ojos de telarañas, insectos y otros cuerpos extraños. También protegen contra las sustancias químicas venenosas que se liberan al aire y el desagradable polen alergénico de las plantas. Estas sustancias peligrosas podrían provocar problemas cuando entran en contacto con los ojos, de ahí la necesidad de usar gafas protectoras.

Técnicas de poda paso a paso

La poda es una parte vital para garantizar la salud de tus plantas, y una técnica adecuada es un plus para lograrlo. A continuación, se muestran algunas técnicas de poda de suculentas paso a paso.

Poda de puntas

La poda de puntas, también conocida como poda de pellizco, es la eliminación del extremo de cada brote durante la temporada de crecimiento, ya sea con el pulgar o el dedo en arbustos menos leñosos. En cada punto donde se realiza un corte, la poda de puntas fomenta el crecimiento de más brotes en ese punto de corte, lo que da como resultado una planta más redondeada y suculenta con más tallos en flor. Además, la poda de puntas proporciona a las plantas suculentas un corte redondo y ligero para restaurar tu forma después de la floración. Para realizar la poda de puntas, especialmente en trabajos más grandes como topiarios, use tijeras afiladas o corta setos para obtener líneas distintas.

Poda de tallos

La poda de tallos elimina o corta distintas ramas o tallos de la planta suculenta. Esta técnica también se utiliza en algunas plantas herbáceas, arbustos y árboles. El cuándo y el cómo utilizar esta técnica está determinado por factores tales como el resultado que se desea obtener, la especie de la planta y su patrón de crecimiento.

Eliminación selectiva de hojas

Como su nombre lo indica, la eliminación selectiva de hojas es la práctica de quitar las hojas del tallo de las plantas suculentas, especialmente alrededor de áreas con racimos de frutas. La eliminación selectiva de hojas en una suculenta estimula la circulación del aire, expone la fruta a más luz solar, mejora la penetración de los insecticidas y reduce el pH y el potasio de las hierbas. Además, potencia la fertilidad y el color de los cogollos de la planta. Mientras utilizas la técnica de eliminación selectiva de hojas, debes dejar algunas hojas en el tallo para estimular la producción de más carbohidratos para ayudar al desarrollo de la fruta, el crecimiento y el desarrollo de la reserva para el invierno. Quitar de tres a cuatro hojas suele ser suficiente para lograr esta técnica.

Métodos de modelado

Los métodos de modelado son formas de realizar diseños de plantas definidos. El objetivo de modelar tus plantas suculentas es mostrar su belleza y realzar el paisaje, permitiendo a los agricultores o jardineros agregar su toque de creatividad por aquí y por allá. A continuación, se muestran varios métodos de modelado.

Poda artística

La topiaria es el arte de entrenar y podar plantas, árboles y arbustos suculentos para darles una forma decorativa. Es un método en el que se recorta diligentemente la planta suculenta para darle forma de pirámide, barco, animal, cono o cualquier otro diseño imaginativo que elijas. Los topiarios son una buena forma de agregar formas únicas a tu jardín. No importa si se encuentran en un contenedor de acero fuera de casa o entre plantas perennes en un ambiente cerrado. Son las plantas que más llamarán la atención en tu jardín.

La topiaria es el arte de entrenar y podar plantas, árboles y arbustos suculentos para darles una forma decorativa

https://unsplash.com/photos/green-trees-under-white-sky-during-daytime-QeVdVJ3_2sg

Aquí se explica cómo darle forma a un topiaria.

- Para darles forma de bola, toma un trozo de alambre de jardín y colócalo en una forma circular que puedas sostener fácilmente.

Luego, muévelo sobre la planta suculenta a la que quieras darle forma. Haz el marco de la esfera más pequeño que la masa del follaje si quieres una forma perfecta.

- Para restaurar la forma de un cono, párate sobre la planta y comienza a darle forma desde el centro, avanzando hacia afuera alrededor de la planta. Mientras trabajas, puedes apoyar un bastón a cada lado de la planta para darle forma y que te sirva de guía para cortar. Sujeta los bastones en la parte superior para formar una tienda india y, con un alambre de jardín, une los lados. Usa tus tijeras para modelar la planta dentro de este marco. Con esta técnica, usa una tijera de poda manual que de esas que parecen de esquilar ovejas a fin de obtener los máximos resultados. Le dará a tu trabajo un acabado limpio.

Espaldera

Se utiliza un método de espaldera para entrenar tus plantas suculentas, especialmente las que tienen frutos, para que descansen contra un soporte como una cerca o una pared, con varios niveles de ramas horizontales y un tallo vertical central. Para crear estos niveles, tendrás que hacer tu primera poda poco después de plantarla y continuar haciéndola anualmente en verano para mantener la planta y tu fruto en buena forma. El método de espaldera se utiliza principalmente para entrenar plantas para que crezcan contra paredes o en jardines más pequeños para maximizar el espacio.

Se utiliza un método de espaldera para entrenar las plantas suculentas, especialmente las que tienen frutos, a fin de que descansen contra un soporte como una cerca o una pared
https://pixabay.com/photos/espalier-facade-building-decoration-5032964/

Bonsái

El modelado de bonsái es el método para cultivar y entrenar plantas, arbustos y árboles suculentos en una caja o contenedor hasta que se conviertan en árboles maduros de tamaño completo en miniatura. Esta práctica es de China y su objetivo es crear un diseño de árboles atractivo y bien equilibrado en un área limitada de espacio. Un bonsái debe podarse con la mayor frecuencia posible, y se trata de dos tipos de podas: la poda de mantenimiento del bonsái y la poda estructural. Estos dos procesos son vitales para darle al bonsái la forma deseada y mantenerle durante mucho tiempo.

El modelado de bonsái es el método para cultivar y entrenar plantas, arbustos y árboles suculentos en una caja o contenedor hasta que se conviertan en árboles maduros de tamaño completo en una forma mini
https://pixabay.com/photos/bonsai-azaleas-rhododendron-3125722/

- **Poda estructural de bonsái:** mediante la poda, se puede crear una suculenta bonsái de hermosa forma. A diferencia del corte de mantenimiento del bonsái, la poda estructural es más radical y requiere estar tener buena preparación y conocimiento del tema. El recorte estructural suele ocurrir en la etapa inicial de desarrollo del bonsái.

- **Poda de mantenimiento del bonsái:** esta técnica tiene como objetivo mantener el estilo definido de la planta mientras promueve sus formas existentes en pasos pequeños y fáciles de lograr.

Manejo del crecimiento excesivo y las ramas largas

Las plantas suculentas deben podarse cada pocos años. Se vuelven demasiado grandes y de largas ramas cuando no se les cuida adecuadamente. Entonces, ¿cómo se manejan dichos aspectos de su crecimiento?

Estrategias
- **Evalúa las condiciones de tus plantas:** te darás cuenta de inmediato de lo bien que les va a algunas plantas en comparación con otras en cuanto al crecimiento excesivo. Toma nota de tus plantas y de su estado actual. Mueve las plantas para que cada una tenga las mejores condiciones de crecimiento que puedas brindarles.

Causas
- **Patrón de crecimiento normal:** las condiciones de crecimiento de la planta la afectan tanto positiva como negativamente. Cuando tus plantas reciban suficientes nutrientes, agua, tierra y luz solar, crecerán de forma normal y saludable. Por otro lado, cuando las condiciones de crecimiento son 100% perfectas, es probable que haya una sobreproducción de follaje, hasta el punto de que las raíces y los tallos jóvenes podrían no ser capaces de suministrar todos los nutrientes necesarios. Eso ocasiona que las plantas se vuelvan largas y débiles, algo que puede resultar frustrante para un jardinero que ha invertido tiempo y esfuerzo. Ningún jardinero quiere ver a su cactus lucir enfermo.
- **Luz inadecuada:** cuando se exponen a poca luz, las plantas no pueden realizar la fotosíntesis y producir la glucosa necesaria para su crecimiento. De ahí que las hojas y los tallos de la planta se muevan hacia arriba para buscar más luz. Este estiramiento es lo que se conoce como crecimiento de ramas largas.
- **Crecimiento rápido:** el alto contenido de nitrógeno en algunos fertilizantes provoca un crecimiento vibrante de las plantas. No obstante, el exceso de nitrógeno en el fertilizante puede provocar plantas rápidas, altas y de aspecto delgado, llevando a una producción deficiente de flores y frutos. Además, el crecimiento rápido hace que la planta tenga una parte superior pesada, incapaz de sostenerse por sí misma y más propensa a las enfermedades.
- **Falta de poda:** las plantas necesitan poda en un momento u otro para eliminar el exceso hojas muertas y el crecimiento de ramas largas. Si deseas fomentar ramas y tallos más gruesos y resistentes, es mejor podar tus plantas a principios de la primavera. La salud de tu planta disminuirá si se le dejan los tallos muy largos.

- **Desequilibrio de nutrientes:** una deficiencia de nutrientes en las plantas provoca una baja producción de flores y frutos, así como un crecimiento en forma alargada. Por eso es imprescindible fertilizar con regularidad. Sin embargo, cuando se fertiliza demasiado las plantas, también se produce un crecimiento de ramas largas. La salida es utilizar un fertilizante soluble en agua diluido. Además, deja de fertilizar con regularidad si todavía observas un crecimiento de ramas largas. Deja que la planta se recupere por sí misma.

Medida correctiva

- Coloca la planta en un recipiente más profundo para permitir que el tallo quede completamente sumergido en el suelo. Las plantas que tienen pelos en el tallo pueden convertirse en raíces.
- Al plantar en tu jardín, asegúrate de que el tallo esté completamente enterrado en el suelo. El suelo sirve como punto de apoyo y proporciona nutrientes adicionales para el tallo.
- Expón tus plantas a la luz solar directa o asegúrate de tener una luz de cultivo para permitir que tus plantas realicen la fotosíntesis fácilmente y produzcan suficiente alimento necesario para un crecimiento saludable.
- Usa un buen sistema de riego y asegúrate de que el suelo se drene correctamente.
- No fertilices demasiado. Esta suele ser la causa de las ramas largas.
- Poda regularmente para eliminar el follaje de las ramas largas y las hojas muertas. Esto estimulará el flujo de aire hacia las hojas inferiores y evitará que las plantas gasten sus nutrientes en el follaje no saludable.

Poda para la salud y la belleza de las suculentas
Técnicas para mejorar la circulación del aire

Permitir que el aire circule es vital para la salud general y la apariencia de tus plantas suculentas, y aquí te explico cómo lograrlo.

- **Eliminación de hojas muertas:** elimina las hojas muertas o en descomposición mientras podas. No las dejes cerca de tus plantas, donde podrían convertirse en hogar de plagas y exceso de agua.

- **Poda el crecimiento excesivo y las ramas largas:** reduce las áreas de tu jardín que estén cubiertas de maleza quitando algunas hojas, tallos, etc.
- **Levanta la maceta o recipiente del suelo:** esta técnica permite que el aire circule alrededor de la misma.
- **Coloca tus macetas en un lugar aireado:** busca áreas con suficiente aire y coloca allí tu maceta para suculentas. Esto ayudará a minimizar el riesgo de que el suelo húmedo les ocasione enfermedades.
- **Evita regar y fertilizar en exceso:** el exceso de fertilización y riego da como resultado un crecimiento de ramas largas. Riega tu planta sólo cuando notes que la tierra ya está seca.

Identificar signos de crecimiento o daño no saludable

- **Se inclina hacia la luz:** cuando tus plantas suculentas comienzan a inclinarse hacia la luz o a inclinarse hacia la ventana, significa que tu planta necesita urgentemente luz solar. Mueve tu planta hacia una fuente de luz para corregir esto.
- **Hojas arrugadas:** las hojas moribundas son normales en el mundo de las plantas suculentas. Incluso puedes empezar a podar tus plantas suculentas quitando algunas hojas cuando luzcan descuidadas. Sin embargo, cuando todas las hojas comienzan a encogerse, la planta necesita agua. En primer lugar, mira si la tierra está seca. En caso afirmativo, riega tu planta, asegurándote de que la tierra quede bien empapada. Además, mantén un horario para regar tus plantas suculentas.
- **Pudrición:** sabrás que se están pudriendo tus plantas cuando la base de estas y sus hojas se pongan blandas. Esto se debe a un exceso de riego, que hace que el suelo se encharque. Espera a que la tierra se seque si sientes que la pudrición se debe al exceso de riego. Si la podredumbre persiste, entonces debes considerar podar tu suculenta.
- **Hojas amarillas:** las hojas amarillas son causadas por el exceso de riego. Abstenerse de regar hasta que la tierra se seque y las hojas empiecen a recuperar su color.
- **Manchas negras o marrones:** si tu planta se vuelve negra o marrón a lo largo del tronco o en un lugar determinado, el riego es ligeramente excesivo. Abstente de regar y observa el tronco, ya

que lo más probable es que la mancha desaparezca. Sin embargo, será difícil restaurar tales plantas una vez que el tronco se ponga completamente negro.

- **Color apagado:** esto es causado por demasiada exposición a la luz solar, lo que resulta en decoloración. Puedes ver una planta morada o amarilla volverse de un verde más claro o una suculenta verde volverse blanca o verde pálido. Alejar la planta de la luz solar a un rincón menos brillante puede ayudar en esta situación.

Podar y modelar es una de las estrategias de mantenimiento del paisaje más desalentadoras y mal interpretadas para los propietarios de viviendas, agricultores y jardineros, y la mayoría de las personas no saben qué hacer ni cómo hacerlo. Comprender lo que implica esta técnica y qué herramientas utilizar debería aclarar algunas confusiones y temores que pueda haber tenido sobre cómo gestionar el crecimiento excesivo de tus suculentas. Tómate tu tiempo para observar tu planta y actúa en consecuencia.

Capítulo 7: Técnicas de propagación y maximización del rendimiento

¿Cultivaste, nutriste y podaste tu primera especie suculenta según el deseo de tu corazón? ¡Buen trabajo! ¿Te gustaría poder sacar más de la misma planta, incluso con su misma composición genética? Tu deseo será concedido en esta sección. Bienvenido al fabuloso e intrigante mundo de la propagación de cactus y suculentas, donde la ciencia de la jardinería se encuentra con la magia de la creación.

La propagación es la reproducción de las plantas. Como jardinero, aspirante o experimentado, es posible que ya sepas que las plantas generalmente se reproducen mediante polinización. Es el proceso de fusionar dos partes de flores diferentes (granos de polen del macho con el estigma (parte central) de la hembra) para producir la descendencia (las semillas).

La propagación es la reproducción de las plantas
Propagación en Peckover por Barbara Carr, CC BY-SA 2.0<https://creativecommons.org/licenses/by-sa/2.0>, a través de Wikimedia Commons: https://commons.wikimedia.org/wiki/File:Propagation_at_Peckover_-_geograph.org.uk_-_3610104.jpg

Es como una variante platónica de la reproducción humana en el sentido de que las dos flores no se aparean entre sí. La polinización se produce cuando un agente externo (insectos, viento, agua, etc.) recoge los granos de una flor y los deja caer en el estigma de la otra.

Si ya te pusiste a pensar, seguro que te imaginas que tú mismo podrías asumir ese papel de agente externo para criar tu propio lote de suculentas. Sin embargo, cálmate un poco y piensa un poco más y mejor. La polinización dará como resultado un híbrido, no la misma planta con ADN idéntico.

Para duplicar la composición genética de tu cactus favorito, necesitarás aprender la técnica de clonación (sí, es real, ¡no de ciencia ficción!). Para comprender mejor esa técnica, necesitarás determinar por qué deberías propagar tus plantas en primer lugar.

Beneficios de la propagación

La propagación de cactus y suculentas tiene una serie de beneficios personales, así como diversas ventajas ecológicas. Tiene un impacto positivo no sólo en los seres humanos como especie, sino también en el medio ambiente en su conjunto.

- **Hace crecer tu colección**

¿Cuántas veces has logrado cultivar suculentas a partir de semillas? ¿Y cuántas veces has terminado comprando una planta nueva y adulta? La próxima vez que desees. ampliar tu colección de suculentas, no necesitarás gastar más dinero comprando semillas o plantas. Con la propagación, puedes llenar tu patio trasero con tantos cactus y suculentas como quieras.

- **Elige lo que cultivas**

¿Quieres una especie particular de cactus o un tipo específico de híbrido? Las tiendas de plantas y los viveros no suelen tener todas las especies, e incluso si las tuvieran, no tendrán más de una o dos a la venta. Al conocer el arte de la propagación, nunca más tendrás que andar buscando tu híbrido favorito. ¡Simplemente cultívalo a partir de tus plantas existentes, multiplica tu colección de una especie en particular o haz experimentos para desarrollar una nueva! Elige exactamente el tipo de cactus y suculentas que quieras.

- **Puedes compartir con otros**

Digamos que tú y tu vecino han estado cultivando cactus y suculentas durante tanto tiempo y que cada uno tiene su propia colección completa. Pero ustedes dos no tienen las mismas variedades. ¿Qué tal si trabajan juntos y comparten tus colecciones entre sí? La propagación te permite hacer eso precisamente. Al compartir, no incurres en ninguna pérdida. Sólo tienes que entregarle al otro una pequeña parte de tu planta, que eventualmente volverá a crecer.

- **Ahorras dinero**

Muchos tipos de cactus y suculentas son relativamente económicos. Pero al ampliar tu colección, esos costos se van incrementando. La propagación es mucho más barata y, en algunos casos, gratuita. Puedes ahorrar un montón de dinero a largo plazo después que aprendas este arte.

- **Previenes la extinción**

Muchas especies de suculentas son raras y algunas otras son difíciles de cultivar. Algunas incluso requieren condiciones muy específicas para prosperar, que no se son fáciles de encontrar. Todos estos factores combinados pueden resultar en la extinción de especies como el *astrophitum asterias* o el cactus estrella. La propagación puede evitar su extinción al multiplicarlas, lo cual es un poco más fácil que cultivarlas desde cero.

Dominar las técnicas de propagación

Los beneficios de la propagación son atractivos y es posible que te hayan impulsado a probar este arte por ti mismo, especialmente si creciste viendo películas de ciencia ficción como la franquicia Star Wars. Pero antes de que aprendas a clonar tus cactus y suculentas, es importante entender y dominar a la perfección el proceso de la propagación de semillas.

Propagación de semillas

Una advertencia justa: es mucho más fácil y rápido comprar semillas nuevas que polinizarlas a partir de cactus existentes. Pero supongamos que deseas crear un híbrido especial, cultivar suculentas sin gastar dinero o simplemente experimentar la alegría de la creación. En ese caso, *la propagación de semillas es el camino a seguir.*

1. Espera a que maduren tus suculentas. Puede llevar desde un año hasta más de 50 años. Una vez que comiencen a florecer, puedes comenzar el proceso de propagación.
2. Es mejor mantener las dos plantas que estás a punto de polinizar una al lado de la otra. Por ejemplo, la mejor manera de polinizar una flor de orejas de conejo es agitar la flor masculina directamente sobre el estigma femenino de la otra planta.
3. Otra manera de hacerlo es atrapando el polen del macho con un pincel. Sumerge el cepillo en alcohol para limpiarlo a fondo. Frótalo sobre el centro de la flor masculina, donde notarás puntos blancos parecidos a polvo. Eso es polen. Deja que se extienda por todo el cepillo.
4. Lleva el pincel al centro de la flor femenina, donde se encuentra el estigma. Lo ideal es que sólo tengas que empujar ligeramente el cepillo para pegar el polen al estigma. Pero si no se pega, entonces podría ser que el estigma aún no está abierto. Espera unos días hasta que se abra y se peguen las partículas.

Una vez que el polen se ha apareado con el estigma, solo te toca esperar. El proceso puede producir semillas en un mes o puede llevar hasta un año entero. Luego, simplemente recolecta las semillas y plántalas en una maceta diferente de la forma en que se describe en el Capítulo 3. Podrás cultivar la descendencia de las dos plantas, que puede ser el mismo tipo de planta o un híbrido completamente diferente, dependiendo de qué semillas hayas logrado propagar.

Como habrás notado, la propagación de semillas puede tardar alrededor de un año o más para comenzar a desarrollar una nueva suculenta. El proceso de clonación, por otro lado, es mucho más rápido y sencillo.

Esquejes de tallo

Como sugiere el nombre, los tallos cortados de los cactus y suculentas se utilizan para cultivar nuevas plantas. Este método tiene un beneficio bidireccional. Puedes podar la planta vieja mientras cultivas una nueva. Los tallos de las suculentas crecen más que sus hojas para absorber más luz solar. Cuando lleguen al punto en el que tu planta ornamental empiece a verse rara y fuera de lugar, puedes cortar los tallos y esperar a que crezca uno nuevo.

Pero no deseches los esquejes de tallos viejos. Puedes usarlos para propagar más del mismo tipo de cactus o suculentas si lo deseas. Así es como puedes hacerlo.

Los tallos cortados de tus cactus y suculentas se utilizan para cultivar nuevas plantas
https://www.pexels.com/photo/person-cutting-a-stem-6764325/

1. Asegúrate de que el tallo cortado esté sano y con hojas de aspecto fresco.

2. Mantenga el tallo tal como está en tu habitación con suficiente luz solar indirecta durante un par de días o más. De esa forma, creará un callo y la parte donde se cortó se secará, manteniendo a raya la pudrición.
3. Vierta cactus húmedos o tierra suculenta en una maceta nueva. Sólo para refrescar la memoria, la tierra de los cactus tiene más sedimentos inorgánicos, mientras que la tierra de las suculentas tiene más sedimentos orgánicos.
4. Inserte el tallo cortado en el suelo con la parte callosa en el suelo. Si hay hojas a los lados es posible que no quepa. Quítalas, pero sólo las que estén cerca de la base.
5. Coloca la maceta a la luz solar indirecta, puede ser en un porche, bajo techo.
6. Riega la tierra y espera un par de semanas. De ahora en adelante, solo necesitarás rociar la tierra cuando se seque, lo que puede suceder aproximadamente una vez por semana.
7. Continúe rociando hasta que veas que se forman raíces en el tallo calloso. Puede llevar un mes o incluso un año entero.
8. Una vez que las raíces hayan comenzado a formarse, riega y cuida los cactus o suculentas recién germinados, como se muestra en los Capítulos 4 y 5.

Puedes intentar cambiar el medio de enraizamiento de tierra a agua, pero existe una probabilidad mucho mayor de que el tallo se pudra si lo sumerges en agua. Para más probabilidad de éxito, utiliza tierra para tus cactus y suculentas.

A pesar de que el suelo sano contiene los nutrientes necesarios y suficiente agua, ¿tu tallo sigue sin raíces después de varios meses? Puedes intentar iniciar el proceso utilizando hormonas de enraizamiento. Están disponibles en forma de polvo o líquido y consisten en auxinas naturales que estimulan al tallo para que inicie el crecimiento de las raíces.

Los esquejes de tallos producen clones genéticos de tus cactus y suculentas, pero esa no es la única forma en que puedes propagar o clonar tus plantas. Las hojas también se pueden utilizar para el mismo fin.

Esquejes de hojas

Al igual que los esquejes de tallo, las hojas cortadas de las suculentas se utilizan para cultivar nuevas plantas. Este tipo de propagación no es aplicable a los cactus, ya que no poseen hojas. La clonación mediante esquejes de hojas es uno de los tipos de propagación más rápidos, ya que se pueden esperar nuevas raíces en unos dos meses. El proceso es similar al de los esquejes de tallo, con solo mínimas diferencias.

1. Elige la suculenta que quieres duplicar. Debe contener suficiente humedad, es decir, las hojas no deben verse secas ni arrugadas.
2. Arranca una hoja fresca del racimo, que se sienta sana y carnosa. Un simple tirón no funcionará. Tendrás que girar ligeramente la base de la hoja antes de sacarla.
3. Es posible que notes algo de humedad en la parte depilada, lo cual es bueno, ya que implica que tiene suficiente agua almacenada para estar fresca y saludable. Antes de poder sembrar la hoja en el suelo, deberás secarla. Déjala reposar sobre una superficie seca durante unos dos días, al menos hasta que notes callos en la base. Puede tardar incluso hasta cinco días.
4. Vierte la tierra de las suculentas en una maceta y mantenla húmeda antes de insertar la hoja, con el callo hacia abajo.
5. Coloca la maceta bajo luz solar indirecta y espera un par de semanas.
6. Saca la hoja y revisa la base. ¿Puedes ver pequeñas raíces filiformes ahí abajo? De lo contrario, es posible que tengas que esperar una semana más.
7. Después de unas semanas más, notarás que pequeñas versiones de tu planta suculenta crecen a partir de esas raíces.
8. Llegará un momento en el que la hoja cortada original se caerá. Ahí es cuando tienes que desenterrar esas suculentas pequeñas y plantarlas en una maceta de drenaje nueva con un agujero en el fondo.

Si las raíces o las suculentas bebés no se están desarrollando, puedes intentar sumergir la parte callosa de la hoja en hormonas de enraizamiento. No se recomienda el medio de enraizamiento acuático para esquejes de hojas, ya que pueden pudrirse rápidamente.

Propagación de división

¿Recuerdas esas películas de ciencia ficción de hace años en las que un ser humano es cortado simétricamente en dos partes, después de lo cual ambas partes se regeneran para formar dos seres humanos idénticos? Así es como funciona la propagación por división en cactus y suculentas. Simplemente necesitas dividir una sola planta en varios segmentos. Cada segmento contiene todas las partes necesarias de la planta, desde las hojas hasta las raíces. Estos son los pasos básicos de la propagación por división de cactus y suculentas.

1. Toma un cactus o una suculenta y sepáralo del suelo. En muchas plantas se pueden distinguir fácilmente segmentos individuales divididos con partes aparentemente aisladas. En aquellos donde los segmentos no son evidentes, tendrás que romper la planta en pequeños grupos.
2. Vierte tierra para cactus o suculentas en una maceta de drenaje y humedécela un poco. Cava un hoyo largo en el medio.
3. Inserta el segmento/macho de la planta en el agujero y cúbrelo con tierra de tal manera que las raíces queden debajo de la superficie.

Con el tiempo, un nuevo cactus o suculenta con la misma composición genética comenzará a crecer en la maceta.

Un punto para tener en cuenta: no es posible dividir todas las especies de cactus y suculentas. Tu planta debe tener una de tres cosas para calificar para la propagación por división.

- Debe tener varios tallos pequeños en lugar de un solo muñón. De esa forma es más fácil separar las raíces.
- ¿Tu suculenta ha generado suculentas más pequeñas (bebés) a un lado? Se llaman vástagos y son perfectas para la propagación por división.
- ¿Has plantado dos o más cactus en la misma maceta? Una vez que hayan crecido por completo, es un buen momento para separarlos en diferentes macetas mediante la propagación por división.

Manipula los grupos separados con cuidado y asegúrate de que ninguna de sus partes se caiga durante el traslado.

Ahora que conoces los pasos de cada técnica de propagación y dominas la clonación de cactus y suculentas como un experto jardinero, es hora de aprender a maximizar tu rendimiento.

Maximizar el rendimiento con la propagación

¿Quieres una buena cantidad de semillas o suculentas pequeñas a partir de una sola ronda de propagación? ¿Quieres que tu cosecha sea exuberante y saludable, como si tus cactus hubieran sido recién recogidos directamente del desierto? Sigue estos consejos para maximizar tu rendimiento durante y después de la propagación.

- **Garantiza una nutrición adecuada**

Los cactus y las suculentas obtienen la mayor parte de tu nutrición del suelo mismo y, dado que prosperan en un ambiente duro y seco, no es necesario fertilizarlos con tanta frecuencia como otras plantas. La fertilización solo garantiza que la planta pueda adaptarse más fácilmente al entorno de tu hogar, además de aumentar la posibilidad de generar vástagos si pueden hacerlo. Con darles los nutrientes necesarios una vez al año es suficiente.

Para las suculentas en macetas, puedes alimentarlas con emulsión de pescado o té de estiércol. Idealmente, cualquier fertilizante 5-10-5 funcionará (tanto para cactus como para suculentas), donde cinco es la cantidad de nitrógeno, 10 es fósforo y los últimos cinco es el nivel de potasio. De ellos, el nitrógeno asegura el desarrollo saludable de tallos y hojas, mientras que el fósforo se centra en el crecimiento de flores y raíces. Asegúrate de diluir el fertilizante en un poco de agua porque una dosis concentrada puede provocar pudrición.

- **Proporcionar suficiente exposición a la luz**

Los cactus y las suculentas pueden vivir durante largos períodos sin agua ni nutrientes, pero necesitan luz para sobrevivir, aunque sea por poco tiempo. Es una obviedad porque estas plantas se han adaptado a zonas secas con calor y luz abrasadores. Se recomienda mantener la maceta expuesta a la luz solar directa durante al menos seis a siete horas al día. Para plantar al aire libre, escoge un lugar que dé a la luz del sol durante la mayor parte del día.

Si planeas plantar en interiores en algún rincón oscuro de tu habitación, pon en la maceta una planta que pueda sobrevivir sin mucha exposición a la luz. Por ejemplo, la planta serpiente puede florecer durante mucho tiempo sin luz solar directa en una habitación semioscura. Su agradable aspecto también mejora la decoración interior y purifica el aire.

Sin embargo, supongamos que estás decidido a plantar un cactus o una suculenta que requiera luz en un espacio interior donde no hay suficiente luz solar. En ese caso, podrás utilizar luz artificial para tal fin. Necesitarás una mezcla de luz fluorescente y luz incandescente en una proporción de 10:1. Esto significa que, si tienes una lámpara fluorescente de 10 vatios, también necesitarás una bombilla incandescente de 1 vatio. Deja ambas fuentes de luz encendidas durante 16 horas cada día.

- **Mantén la temperatura bajo control**

Quizás pienses que los cactus y las suculentas sólo sobreviven en ambientes de altas temperaturas. Eso no es verdad. ¿Sabías que les puede ir bien en temperaturas tan bajas como 40 °F? Esto se debe a que las noches en las tierras áridas suelen ser frías, por lo que se han adaptado para sobrevivir en condiciones de temperatura variada. Podrían surgir problemas si la temperatura llegase a caer por debajo de 30°F.

¿Sufres inviernos prolongados y mucha nieve en tu zona? No te desanimes, ya que aún puedes cultivar y cuidar tus plantas en condiciones de frío extremo. Coloca un film de arpillera cubriendo la planta, procurando que la cubra por completo. Eso lo protegerá del frío directo y dejará entrar suficiente luz solar directa a través de los poros.

Además, evita regar tus cactus y suculentas en invierno porque toman más de lo habitual en agotar su suministro. Vierte agua solo si la tierra se ha secado o la planta se ha endurecido por falta de agua.

- **Mantén la humedad requerida**

Los cactus y suculentas, al igual que otras plantas, requieren humedad para sobrevivir, pero la necesitan en menores cantidades. La mayoría de las otras plantas necesitan un rango de entre un 60% a un 90% de humedad para sobrevivir, mientras que las suculentas pueden prosperar con apenas un 10% de humedad. Sin embargo, el rango recomendado para la mayoría de cactus y suculentas es de entre un 40% y un 60% de humedad.

La cantidad depende realmente de un factor importante: el grosor de las hojas. Cuanto más gruesas son las hojas, menos humedad se necesita. Pero te preguntarás cómo se humedecen los cactus con hojas menos gruesas en un desierto. Lo recogen de la niebla. Si en tu vecindario no hay mucha niebla durante el año, puedes darle a tu planta lo que necesita mediante el proceso de nebulización. Simplemente rocía las hojas con agua filtrada.

- **Asegúrate de que haya un espacio adecuado**

Si eres un horticultor experimentado, es posible que sepas lo fundamental que es el espaciamiento para un crecimiento eficiente de las suculentas. ¿Los cactus de tu jardín están plantados demasiado cerca unos de otros? Consumirán más agua y nutrientes de lo habitual y pueden necesitar más de seis horas de luz solar.

La cuestión es que cuando las plantas se agrupan demasiado juntas, tienden a competir por los requerimientos básicos. Y donde hay competencia, hay un ganador y un perdedor: fundamentos de la supervivencia del más fuerte, por Charles Darwin. Por lo tanto, en una multitud, algunas de tus plantas podrán prosperar mientras que otras podrían marchitarse.

Se recomienda que separes los cactus y las suculentas por lo menos a dos pies de distancia. Las plantas grandes, como el saguaro, que pueden crecer bastante anchas y altas, necesitarán más espacio de entre cuatro y cinco pies entre ellas.

En resumen, para maximizar el rendimiento de la propagación de cactus y suculentas, debe exponerlos a seis horas de luz solar directa, mantener la temperatura por encima de los 40 °F y asegurar de dos a tres pies de espacio entre dos plantas. La nutrición y la humedad se pueden adquirir de forma natural, pero puedes proporcionárselas a tus plantas para impulsar un crecimiento saludable.

Capítulo 8: Control de plagas, manejo de enfermedades y otros desafíos

Así como los humanos necesitan cuidados y manejo de enfermedades adecuados para mantenerse saludables, las suculentas y los cactus requieren control de plagas y un manejo adecuado de enfermedades para mantenerse saludables y prósperos. Aunque los cactus pueden prosperan con una limitada disponibilidad de agua, siguen necesitando protección contra plagas y varias enfermedades. Estas plagas y enfermedades pueden afectar su apariencia distintiva y comprometer tu crecimiento.

Las cochinillas, los escarabajos, las moscas blancas, los ácaros, los gorgojos de la vid y las orugas son plagas comunes que afectan a las suculentas y a los cactus. Estas plagas se alimentan principalmente del tejido vegetal, alterando la distribución de nutrientes dentro de la planta e incluso transmitiendo microorganismos dañinos que se convierten en enfermedades. Identificar y deshacerse de las plagas desde un principio es vital para que tus plantas sobrevivan.

Varios hongos, virus y bacterias también afectan a los cactus y suculentas. Estos microorganismos causan enfermedades que incluyen mancha foliar, pudrición del tallo, pudrición de la raíz y otras infecciones fúngicas. La mayoría de las veces, los principales causantes de enfermedades en los cactus son las malas condiciones, tales como alta humedad, mala circulación del aire, el uso excesivo de fertilizantes y el exceso de agua.

Los jardineros ávidos recomiendan utilizar un enfoque holístico donde la prevención sea la primera línea de defensa. Proporcionar la humedad, el agua y la luz solar adecuados y mantener el suelo bien drenado garantizará que tus cactus florezcan y se mantengan protegidos de las enfermedades. Además de brindar a tus plantas un entorno de crecimiento adecuado, es necesario inspeccionarlas periódicamente para detectar cualquier signo de enfermedad o infestación de plagas.

Un enfoque razonablemente novedoso llamado Manejo Integrado de Plagas (MIP) se utiliza principalmente para abordar las infestaciones de plagas y enfermedades. Este método de manejo combina controles culturales, mecánicos, biológicos y químicos. Los métodos naturales incluyen la poda y la recolección manual de plagas. El control químico implica el uso de insecticidas y fungicidas, y los métodos mecánicos implican el uso de equipos específicos para evitar efectos nocivos.

Plagas comunes que afectan a las suculentas

Existen varias especies de plagas capaces de alterar el crecimiento de los cactus
https://pixabay.com/photos/leafhopper-insect-macro-nature-562118/

Existen varias especies de plagas capaces de alterar el crecimiento de los cactus. Los efectos perjudiciales que una infestación de plagas podría tener en la planta dependen del tipo de plaga y de la gravedad de la infestación. A continuación, se detallan algunos problemas comunes, cómo identificarlos y formas de prevenir esta infestación.

Cochinillas

Estos pequeños insectos de cuerpo blando están cubiertos de una sustancia blanca, cerosa y parecida al algodón que les brinda protección. Se agrupan en los tallos, la base y las hojas de la planta. Estos insectos son ovalados y pueden medir de uno a cuatro milímetros. Con múltiples patas, las cochinillas tienen una capa exterior cerosa de color blanco. Esta capa les da a las cochinillas su distintiva apariencia parecida al algodón. Verá grupos de sustancias parecidas al algodón en las hojas, los tallos y la base, donde se puede acceder fácilmente a la savia de la planta.

Insectos escamosos

Estos pequeños insectos de forma ovalada pueden adherirse a las hojas y los tallos, chupando la savia de la planta y prosperando desapercibidos. Vienen en varios colores, dependiendo de la especie de insecto, pero todos tienen un cuerpo exterior blando. La infestación de escarabajos en tu jardín de cactus puede volverlos amarillos o marrones. Estos insectos también se alimentan de la savia de la planta, chupando su fuerza vital (savia) y haciendo que tus preciosas plantas sean propensas a otras enfermedades. La hoja del cactus también puede presentar un aspecto pegajoso.

Pulgones

Estos son insectos pequeños, de cuerpo blando, que en apariencia parecen una pera. Los pulgones tienen antenas y alas largas y vienen en diferentes colores, incluidos amarillo, verde, rosa y marrón. Estos insectos infestan áreas de nuevo crecimiento o la parte inferior de las hojas, lo que dificulta su identificación. También se alimentan de la savia de la planta, succionando la fuerza vital de los cactus espinosos. Al igual que las cochinillas, los pulgones producen una melaza que atrae a las hormigas y otros insectos, lo que aumenta las posibilidades de desarrollar infecciones fúngicas.

Ácaros

Si bien los ácaros se parecen a cualquier otro insecto, son arácnidos, una subcategoría de animales invertebrados. Los ácaros son principalmente marrones, rojos o amarillos y son casi imposibles de identificar sin herramientas de aumento. Al igual que las arañas, tienen ocho patas y se alimentan directamente de las hojas de las plantas. El daño que causan los ácaros provoca el color amarillento del área. Con el tiempo, la planta deja de crecer y se va poniendo cada vez peor.

Tisanópteros

Estos insectos diminutos y delgados tienen alas con flecos que miden menos de un milímetro. Los tisanópteros son de color amarillo, negro o marrón, con cuerpos alargados y aparecen por toda la planta. Mientras se alimentan del tejido de la planta, los tisanópteros dejan una raya plateada en las hojas. Poco a poco, tus cactus mostrarán un crecimiento distorsionado o descolorido. Los tisanópteros pueden transmitir infecciones virales y transmitir enfermedades a otras plantas.

Moscas blancas

Estos pequeños insectos voladores tienen alas de color blanco que contienen una sustancia en forma de polvo que se libera durante el vuelo. Su cuerpo se asemeja a una polilla y tiene cuatro alas. Se reproducen debajo de las hojas, ocultos a nuestras miradas. Al igual que otros insectos, las moscas blancas se alimentan de la savia de las plantas y provocan tu marchitez. También pueden provocar el crecimiento de hollín en la planta.

Mosquitos de los hongos

Los mosquitos son moscas de color oscuro que se parecen a las moscas de la fruta. Son más activos alrededor de la superficie del suelo de las plantas en macetas. Sus cuerpos largos y delgados los hacen ágiles voladores. Los mosquitos de los hongos adultos no causan daños significativos a las plantas. Sin embargo, sus larvas se alimentan de la materia orgánica del suelo, incluidas las raíces de las plantas y los tiernos pelos de estas, lo que puede afectar la salud y el crecimiento general de la planta.

Cochinillas de raíz

Aunque las cochinillas de la raíz se parecen a las cochinillas normales, este tipo prospera bajo tierra y se alimenta de las raíces de la planta. Es casi imposible detectar su presencia hasta que su población se vuelve masiva. Los cactus infectados muestran marchitez y retraso en el crecimiento.

Mineros de hojas

Los minadores de hojas son en su mayoría larvas de insectos como polillas, moscas y escarabajos que se alimentan del tejido de la planta, dejando agujeros en las hojas. Son criaturas parecidas a gusanos y crean túneles o senderos en la superficie de las hojas. Estos mineros también varían en color, desde el marrón hasta el blanco.

Gorgojos de la vid

Estos escarabajos tienen un hocico distintivo y no vuelan como los escarabajos normales. Los gorgojos pasan desapercibidos durante el día, ya que son nocturnos.

Identificación: los gorgojos de la vid son escarabajos pequeños no voladores con un "hocico" distintivo. Son nocturnos y suelen pasar desapercibidos durante el día. Los gorgojos de la vid prefieren alimentarse de las raíces, pero también pueden alimentarse de las hojas, dejando muescas semicirculares.

Saltamontes

Los saltamontes son insectos con patrones intrincados en el cuerpo y largas patas traseras que les permiten saltar. También pueden provocar que las hojas se marchiten, punteen o amarilleen. Las infestaciones graves pueden incluso inhibir el crecimiento nuevo.

La inspección periódica, el mantenimiento de la higiene, la provisión de las mejores condiciones de crecimiento y el control de plagas son los elementos principales que deben cuidarse. Conocer las enfermedades y plagas es fundamental para evitar que ocurran. Por último, comienza con el método menos dañino para proteger los cactus y suculentas al identificar la plaga. Por ejemplo, si hay algunas plagas visibles, usa depredadores naturales como escarabajos y recolectores para mantener a raya la población de plagas sin afectar la planta. Por último, cuando uses insecticidas, utiliza siempre cantidades controladas y sigue las instrucciones cuidadosamente para obtener los máximos resultados.

Técnicas de manejo integrado de plagas

Esta técnica integral de manejo de plagas es uno de los enfoques más sostenibles para el control de plagas en cactus y suculentas. El método tiene como objetivo reducir el uso de insecticidas e incorporar varios enfoques de control de plagas para lograr un resultado impactante. A continuación, se presentan las estrategias utilizadas dentro del marco de un manejo integrado de plagas.

Esta técnica integral de manejo de plagas es uno de los enfoques más sostenibles para el control de plagas en cactus y suculentas

https://pixabay.com/photos/slug-policeman-lego-garden-pest-1535140/

Control cultural

Esta práctica es un pilar fundamental del control de plagas y se centra en fomentar un entorno donde las plantas puedan prosperar y desarrollar resistencia contra plagas y enfermedades.

Al comprar cactus y suculentas, inspecciónalos minuciosamente para detectar cualquier signo de enfermedad o plaga para que evites llevar a casa plantas infestadas.

Riega las plantas adecuadamente y evita el exceso de agua para prevenir el desarrollo de enfermedades relacionadas con las raíces.

Antes de plantar, asegúrate de que el suelo tenga buen drenaje y que la mezcla de suelo tenga los fertilizantes adecuados para mantener los cactus nutridos. Puedes dejar que la tierra se seque entre riegos para desalentar las infestaciones de plagas.

Mantén tus hermosos cactus en lugares con mucha luz solar y ventilación. No necesitarán luz solar directa, por lo que uno de los mejores lugares es cerca de las ventanas. La ventilación es fundamental para evitar la acumulación de humedad. Los ambientes húmedos promueven el desarrollo de infecciones fúngicas en las plantas y proporcionan un ambiente factible para la infestación de plagas.

Cuando agregues nuevos cactus a tu colección, mantén aislada la planta recién comprada durante algunas semanas, a fin de asegurarte de que ninguna plaga o enfermedad pueda afectar a otras plantas.

Control mecánico

Implica la eliminación física de las plagas de tus plantas. Los siguientes métodos de control mecánico se utilizan para eliminar plagas no deseadas.

Recoge manualmente las plagas de tus cactus y suculentas, si las hubiera, especialmente en la parte inferior de las hojas y a lo largo de los tallos. En casos de infestación de plagas, usa un cepillo suave o un hisopo de algodón humedecido en alcohol isopropílico para limpiar plagas como cochinillas y pulgones.

La mayoría de las plagas infestan áreas específicas, como la parte inferior de las hojas, y deben eliminarse permanentemente mediante poda. Usa tijeras de podar afiladas y esterilizadas para evitar una mayor propagación.

Control biológico

El método biológico en el manejo integrado de plagas promueve el uso de técnicas naturales para mantener a raya la población de plagas. Se pueden utilizar mariquitas y ciertos escarabajos para prevenir la infestación de ácaros y otras plagas. De manera similar, agregar nematodos al suelo puede controlar plagas como las cochinillas y los mosquitos de los hongos.

Control químico

Aunque los métodos de control químico están incluidos en el MIP, se recomienda encarecidamente utilizarlos como último recurso después de haber probado otros métodos de control de plagas.

Comienza con el pesticida menos tóxico y evita los insecticidas de amplio espectro que pueden dañar a los insectos que viven en simbiosis con los cactus. Presta atención a las precauciones de seguridad, al momento y a las tasas de aplicación, y usa siempre equipo de protección antes de la aplicación. En lugar de rociar pesticidas por toda la planta, mantenlos confinados en áreas específicas de infestación, para reducir sus efectos adversos sobre los cactus.

La adopción de los controles mencionados anteriormente mantendrá las plantas sanas y hará que el control de plagas sea eficaz. Además de utilizar estas técnicas, adopta la costumbre de inspeccionar tus plantas con regularidad para poder actuar temprano y detener las infestaciones de plagas en tu colección de cactus.

Conoce las enfermedades de las suculentas

Aunque los cactus son plantas resistentes y pueden prosperar en ambientes hostiles, todavía son propensos a diversas enfermedades. Las enfermedades comunes de los cactus pueden ser el resultado de infecciones fúngicas, bacterianas y virales. Es necesario conocer los signos y síntomas de la enfermedad para una intervención temprana y un tratamiento eficaz.

Infecciones por hongos

Las infecciones por hongos ocurren en ambientes húmedos o cuando la planta ha recibido un riego excesivo. Algunas enfermedades comunes en los cactus son:

Pudrición de las raíces

Esta infección por hongos provoca el marchitamiento y cambia el color de las hojas a marrón o amarillo. Poco a poco, la planta pierde tu capacidad de crecer y el sistema de raíces comienza a ponerse marrón. El sistema de raíces también se pudre y produce un olor distintivo a humedad. El primer signo es el cambio en el color de la raíz, que pasa de blanco a oscuro.

Pudrición del tallo

Los tallos afectados por la pudrición se vuelven negros o marrones, se hunden e incluso pueden supurar savia. El área se vuelve blanda y, al examinarla más de cerca, puede revelar tejidos descoloridos. Las esporas de hongos también son visibles en los tallos cuando la enfermedad está completamente desarrollada.

Mancha foliar

Las hojas en esta infección por hongos adquieren formas irregulares y desarrollan márgenes distintos. Se pueden ver patrones de contornos concéntricos en las hojas, que se vuelven marrones o grises. Las esporas de hongos también se pueden identificar en las hojas cuando la infección por hongos se ha desarrollado por completo.

Enfermedades bacterianas

Pudrición blanda bacteriana

Comienzan a desarrollarse lesiones blandas en los tallos, que rápidamente pueden volverse viscosas y blandas. La pudrición blanda bacteriana, cuando se desarrolla, tiene un olor fétido que se vuelve intenso a medida que la infección se vuelve grave. La disección del área afectada puede revelar tejido desintegrado que ya ha perdido su funcionalidad.

Pudrición bacteriana de la corona

La infección bacteriana limitada al área donde el tallo se encuentra con las raíces se conoce como pudrición bacteriana de la corona y puede dañar la integridad de la planta. El tallo se debilita y, finalmente, la planta colapsa. El color amarillento o el marchitamiento se vuelven evidentes cuando el tallo no puede transportar nutrientes desde el tallo hacia el resto de la planta.

Infecciones virales

Como cualquier otra infección viral, no tienen una cura específica. Una vez que una planta está infectada, el virus permanece en ella durante toda su vida. Algunas infecciones virales comunes son:

Virus X del cactus

Se pueden observar patrones de mosaico o anillos de color verde oscuro en los cactus afectados por el virus X del cactus. La planta mostrará un crecimiento atrofiado cuando se infecte y las flores no se abrirán o se deformarán.

Actuar con prontitud es crucial durante el diagnóstico y tratamiento de una enfermedad. Aislar las plantas infestadas, evitar una mayor propagación, proporcionar el entorno de crecimiento adecuado y evitar el riego excesivo son algunas técnicas prácticas que resultan beneficiosas para controlar los síntomas de la enfermedad.

Para la mayoría de las infecciones fúngicas y bacterianas, aislar y tratar la planta con un medicamento factible puede evitar una mayor propagación a las plantas cercanas. Sin embargo, puede ser necesario destruir la planta infectada en el caso de infecciones virales si la misma se vuelve muy grave.

Manejo de infecciones suculentas

Infecciones por hongos

Mejora el drenaje: plante cactus y suculentas en suelos bien drenados. El agua estancada dentro del suelo puede crear buenas condiciones para que crezcan los hongos.

Asegúrate de que tus cactus y suculentas estén plantados en un suelo con buen drenaje. Evita las condiciones muy húmedas, ya que promueven el crecimiento de hongos y la pudrición de las raíces. Usa una mezcla para macetas diseñada específicamente para cactus y suculentas.

Reduce la humedad: mantén una buena circulación de aire alrededor de tus plantas y evita la alta humedad. Los hongos patógenos prosperan en ambientes húmedos, así que asegúrate de una ventilación adecuada en los espacios interiores y evita el hacinamiento de plantas.

Elimina las partes infectadas de la planta: tan pronto como identifiques el primer signo de una infección por hongos, poda inmediatamente el área afectada, limitando la propagación de la enfermedad a las partes no afectadas. Al eliminar el área enferma, usa tijeras de podar limpias y desinfecta entre cortes.

Aplica fungicida a base de cobre: las infecciones fúngicas graves requieren la aplicación de un fungicida a base de cobre. Esta sustancia que mata los hongos es eficaz contra una variedad de hongos patógenos. Aplica siempre el fungicida en un área pequeña para verificar si hay efectos adversos y luego usa el fungicida en el área principal afectada, de acuerdo con las instrucciones.

Infecciones bacterianas

Practica el saneamiento: mantén limpia tu área de cultivo eliminando las hojas caídas y los escombros, ya que pueden albergar bacterias patógenas. Limpia periódicamente tus herramientas de jardinería con alcohol isopropílico o una solución de lejía para evitar la transmisión de bacterias entre plantas.

Aísla las plantas infectadas: aísla inmediatamente las plantas que muestren signos de infección bacteriana para evitar la propagación de dichas infecciones a las plantas sanas. Vigila de cerca las plantas aisladas y evita manipular otras plantas antes de lavarte las manos y desinfectar las herramientas.

Mejora la circulación del aire: mantén un espacio adecuado entre las plantas para mejorar la circulación del aire. La circulación del aire reduce la humedad y disminuye las posibilidades de desarrollar infecciones bacterianas.

Retira las partes infectadas de la planta: al primer signo de infección bacteriana, retira y destruye las partes afectadas, incluidas las hojas, los tallos o la planta entera, si es necesario; desinfecta las herramientas de poda entre cortes.

Infecciones virales

La prevención es clave: casi ninguna de las infecciones virales que afectan a las plantas tiene una cura definitiva. Básicamente, no existe cura para las infecciones virales en las plantas. El mejor enfoque es la prevención. Compra plantas de fuentes confiables e inspecciónalas minuciosamente para detectar signos de enfermedades virales antes de agregarlas a tu colección.

Pon las nuevas incorporaciones en cuarentena: aísla las plantas nuevas durante algunas semanas para observar cualquier síntoma de infección viral antes de integrarlas a tu colección existente.

Desinfecta las herramientas y tus manos: desinfecta tus herramientas de jardinería al manipular diferentes plantas para evitar la transmisión de virus. Lávate bien las manos antes y después de manipular plantas, especialmente si sospechas la existencia de una infección.

Retira y destruye las plantas infectadas: si una planta muestra signos claros de infección viral, como patrones de mosaico o anillos en las hojas, retírala y destrúyela para evitar la propagación a otras plantas sanas.

En todos los casos, es fundamental actuar con rapidez cuando notes algún signo de enfermedad. La detección temprana y la acción rápida pueden mejorar significativamente las posibilidades de un manejo exitoso de la enfermedad. Para infecciones graves o persistentes, considera buscar el consejo de un experto en plantas o de un horticultor que pueda brindarle orientación adicional para tu situación.

Recuerda que mantener un ambiente sano y libre de enfermedades para tus cactus y suculentas es el enfoque más eficaz para prevenir enfermedades. Controla periódicamente tus plantas, bríndales el cuidado adecuado y mantén buenas prácticas de saneamiento para garantizar su bienestar.

Gestión de desafíos comunes

Retos ambientales

Temperaturas extremas: los cactus y las suculentas se adaptan a diversos rangos de temperatura, pero el calor o el frío extremos pueden estresar a las plantas. Las heladas y las temperaturas bajo cero, en particular, pueden dañar algunas especies, provocando daños en los tejidos y decoloración.

Iluminación inadecuada: la luz solar insuficiente puede provocar un crecimiento alargado y débil. Por otro lado, demasiada luz solar directa puede provocar quemaduras solares y daños en los tejidos de la planta.

Fluctuaciones de humedad: las fluctuaciones en los niveles de humedad pueden estresar a los cactus y suculentas, especialmente aquellos que prefieren condiciones secas. La alta humedad puede aumentar el riesgo de enfermedades fúngicas, mientras que la baja humedad puede provocar deshidratación y marchitez.

Mala circulación del aire: una circulación de aire inadecuada puede aumentar la humedad de las plantas y hacerlas más susceptibles a enfermedades como el oídio y las infecciones por hongos.

Riego excesivo y riego insuficiente

Riego excesivo: uno de los errores más comunes en el cuidado de las suculentas es el riego excesivo. Los cactus y las suculentas están adaptados para sobrevivir en condiciones áridas y prefieren riegos profundos y poco frecuentes. El riego excesivo puede provocar la pudrición de las raíces y otras enfermedades fúngicas.

Riego insuficiente: la falta de agua puede hacer que los cactus y las suculentas se deshidraten y puede provocar que se marchiten, se arruguen o aparezcan hojas secas y crujientes.

Deficiencias nutricionales

Deficiencias de nitrógeno, fósforo o potasio: como todas las plantas, los cactus y suculentas requieren nutrientes esenciales para un crecimiento saludable. La falta de nitrógeno, fósforo o potasio puede provocar un retraso en el crecimiento, hojas amarillentas y una mala salud en general.

Estrés vegetal

Daño físico: el daño accidental al tallo, las raíces o las hojas de la planta puede crear aberturas para que entren patógenos y causen infecciones. Evita el manejo brusco o el contacto con objetos punzantes.

Impacto del trasplante: el trasplante de cactus y suculentas puede causar estrés, especialmente si se alteran las raíces. El choque por trasplante puede provocar marchitez, decoloración o un crecimiento más lento a medida que la planta se adapta a su nuevo entorno.

Factores estresantes en el ambiente: la exposición a condiciones climáticas extremas, como vientos fuertes, luz solar intensa o cambios repentinos de temperatura, puede estresar a los cactus y suculentas, afectando su salud y apariencia en general.

Para abordar eficazmente estos desafíos:

- Conoce los requisitos específicos de tu planta y adapta las prácticas de cuidado en consecuencia.
- Proporciona la luz, el agua y la humedad adecuadas para las especies específicas.
- Controla tus plantas con regularidad para detectar signos de estrés, plagas y enfermedades.
- Toma medidas preventivas para proteger tus plantas de condiciones ambientales extremas.
- Aborda cualquier problema con prontitud para evitar daños mayores o la propagación de problemas.

Al comprender y abordar estos desafíos, puedes crear un entorno adecuado y de apoyo para tus cactus y suculentas, promoviendo su salud óptima y garantizando su longevidad bajo tu cuidado.

Capítulo 9: Asociación de cultivos entre cactus y suculentas

La asociación de cultivos es un excelente concepto de jardinería en el que se cultivan cactus y suculentas con otras especies de plantas compatibles para maximizar la salud del jardín. Basándose en el concepto de la simbiosis, la siembra de cultivos en asociación se basa en la idea de que ciertas especies de plantas, cuando se cultivan juntas, mejoran el crecimiento de las demás, evitan las plagas y favorecen la absorción de nutrientes. Esta técnica se ha utilizado desde la antigüedad y está catalogada como uno de los enfoques de jardinería más sostenibles.

Se puede crear un jardín armonioso plantando plantas asociadas que apoyen el crecimiento y el bienestar de todo el grupo. Algunas plantas pueden producir sustancias químicas que mitigan las plagas, mientras que otras pueden beneficiarse de la fijación de nitrógeno en el suelo.

La asociación de cultivos es un excelente concepto de jardinería en el que se cultivan cactus y suculentas con otras especies de plantas compatibles para maximizar la salud del jardín
https://www.pexels.com/photo/potted-flowers-placed-in-cozy-room-4813268/

Aunque la asociación de cultivos tiene numerosos beneficios, es necesario comprender que cada planta tiene requisitos específicos. No todas las combinaciones de plantas funcionarán o serán mutuamente beneficiosas. Por lo tanto, es fundamental estudiar las especies de plantas e investigar antes de implementar técnicas de asociación de cultivos. Aun así, la asociación de cultivos es una excelente manera para que los jardineros mejoren la biodiversidad, reduzcan la dependencia de pesticidas y fertilizantes y hagan que las plantas sean resilientes. Cuando se hace correctamente, esta agrupación simbiótica de plantas puede contribuir en gran medida a reducir los costos de los pesticidas y otros problemas en tu jardín.

Propósito de la asociación de cultivos

Aunque los cactus y las suculentas pueden soportar condiciones duras y no necesitan un mantenimiento intensivo, la asociación de cultivos puede servir para varios fines. La asociación de cultivos fomenta un enfoque sostenible y holístico de la jardinería, ya que puede prevenir de forma natural la propagación de plagas y enfermedades.

Control de plagas

Se pueden plantar hierbas aromáticas como el romero, la lavanda y el tomillo junto con los cactus, lo que disuade a los insectos y plagas dañinos. Plantar estas plantas complementarias crea un ecosistema libre de plagas que reduce la necesidad de pesticidas químicos.

Biodiversidad

Plantar especies compatibles con tus cactus y suculentas promueve la biodiversidad. Varias plantas acompañantes también pueden atraer insectos beneficiosos, polinizadores y otros microorganismos que pueden nutrir la salud general del jardín. Por ejemplo, asociar plantas que produzcan floración mejora las tasas de polinización de todas las demás plantas del grupo, al atraer a las mariposas.

Salud del suelo

Las plantas complementarias, como las legumbres y los frijoles, fomentan el desarrollo de bacterias fijadoras de nitrógeno, que enriquecen el suelo con nitrógeno. Los cactus y suculentas se benefician de las reservas de nitrógeno del suelo, disminuyendo la dependencia de los fertilizantes químicos. Una mayor fertilidad del suelo eventualmente promoverá un crecimiento más saludable.

Atractivo visual

Agregar interés visual y diversidad a tus cactus también es un beneficio adicional de la jardinería complementaria. Puedes elegir entre una amplia gama de plantas, hierbas y otras especies de plantas ornamentales para crear una exhibición armoniosa y estéticamente agradable.

Modificación del microclima

Aunque los cactus pueden tolerar condiciones similares a la sequía y altas temperaturas, el intenso calor del verano puede afectar su salud. Plantar plantas complementarias que puedan brindar sombra a los cactus durante el intenso calor del verano crea mejores condiciones de crecimiento y le permite crear condiciones de microclima.

Depredadores naturales de las plagas

Varios cultivos asociados atraen a mariquitas, a los escarabajos amigables con las plantas y a las crisopas, todos estos depredadores de las plagas comunes. Estos depredadores naturales de plagas pueden minimizar la dependencia de insecticidas o intervenciones químicas.

Mejora en la polinización

Si tienes un jardín de tamaño completo, elegir plantas como la margarita africana, la margarita mexicana, el lirio quincenal, la valeriana roja, etc., con tus cactus aumentará la polinización y mantendrá el jardín próspero. Las caléndulas y los girasoles también se pueden utilizar en áreas específicas para promover la polinización.

Supresión de malezas

Las plantas complementarias como la menta, la artemisia, la hierbabuena y el sedum, previenen las malas hierbas. Estas plantas no dejan suficiente espacio para que los sistemas de raíces de las malezas echen raíces y prosperen. Las plantaciones densas pueden dar sombra físicamente al suelo en ambientes extremadamente calurosos, contribuyendo más aún a que las malas hierbas se arraiguen.

Optimización del espacio

Puedes elevar fácilmente la estética del jardín y aprovechar todos los rincones plantando plantas visualmente llamativas. Por ejemplo, cultivar una planta alta o trepadora con cactus es una excelente opción si tienes espacio limitado. Las plantas altas y en crecimiento proporcionarán a tus cactus suficiente sombra, protegiéndolos de la luz solar directa. De manera similar, prácticamente cualquier espacio disponible se puede utilizar en consecuencia, creando un ecosistema biodiverso.

Al tener toneladas de beneficios, la asociación de cultivos puede allanar el camino hacia una jardinería sostenible, manteniendo las plantas sanas y robustas. Imagínese crear un jardín de cactus y suculentas, rodeado de magníficas plantas acompañantes en flor que pueden atraer insectos, hierbas y plantas aromáticas amigables con las plantas para protegerse de plagas. Plantas tales como la alfalfa y el trébol, ayudan a mantener el suelo rico en nitrógeno. Todos estos beneficios son posibles mediante la asociación de cultivos. Sin embargo, necesitarás investigar y ganar conocimientos sobre que plantas asociar de acuerdo con su compatibilidad con cactus y suculentas.

Plantas complementarias adecuadas

Seleccionar plantas adecuadas implica considerar su compatibilidad en cuanto a hábitos de crecimiento, necesidades de nutrientes, manejo de plagas y beneficios mutuos. A continuación, se muestran algunos ejemplos de cultivos asociados compatibles y los motivos para combinarlas:

Seleccionar plantas adecuadas implica considerar su compatibilidad en cuanto a hábitos de crecimiento, necesidades de nutrientes, manejo de plagas y beneficios mutuos
https://pixabay.com/photos/chilli-lavender-red-mauve-orange-265756/

Suculentas

Los agaves, los sedums y las echeverias son algunas plantas suculentas que pueden asociarse con los cactus. Las suculentas y los cactus tienen necesidades de crecimiento prácticamente similares, lo que las convierte en plantas ideales para asociar. Sus necesidades de luz solar, suelo y nutrientes son las mismas. Cuando se plantan juntos, los cactus y las suculentas crean un paisaje desértico visualmente impactante y cohesivo. Los jardineros de cactus veteranos recomiendan plantar suculentas cerca de los cactus, agregando color, textura y profundidad al paisaje.

Plantas rastreras

Para obtener un follaje exuberante, considera plantas de bajo crecimiento y extendidas como el tomillo rastrero, las aizoáceas y varias especies de sedum para agregar a tu jardín. Estas plantas pueden proporcionar una excelente cobertura del suelo alrededor de los cactus, sirviendo como mantillo natural que retiene la humedad, regula la temperatura y previene el crecimiento de malezas. También crean una alfombra viva que añade interés visual y complementa las formas verticales de los cactus. Estas plantas rastreras también pueden proporcionar un hábitat factible para insectos y plagas amigables con las plantas, limitando la infestación de plagas dañinas.

Flores silvestres

Las flores silvestres adaptadas al desierto, como las caléndulas del desierto (Baileya multiradiata), las campanillas del desierto (Phacelia campanularia) y las malvas (Sphaeralcea) pueden aportar explosiones de colores vibrantes a tu jardín de cactus. Estas flores atraen a polinizadores, como abejas y mariposas, que ayudan a mejorar la polinización de cactus y flores silvestres.

Aloe vera

El aloe vera no sólo es una planta acompañante popular para los cactus debido a tus necesidades similares de agua, sino también por tus usos prácticos. Las suculentas hojas de aloe vera contienen un gel calmante que puede usarse para diversas dolencias de la piel, lo que las convierte en un complemento funcional para tu jardín. Plantar aloe vera cerca de cactus proporciona algo de sombra y protección a los cactus, al mismo tiempo que ofrece una fuente de cuidado natural de la piel.

Lavanda

La lavanda tiene una fragancia muy agradable y también puede atraer insectos beneficiosos. Plantar lavanda cerca de cactus puede crear una experiencia sensorial en tu jardín y apoyar a los polinizadores como las abejas. Los tallos altos y delgados y las flores violetas de la lavanda contrastan maravillosamente con la apariencia puntiaguda y texturizada de los cactus.

Yuca

Las plantas de yuca comparten un hábitat árido similar con los cactus y pueden ser excelentes compañeras en un jardín con temática desértica. Su hábito de crecimiento erguido y tus espectaculares espigas florales añaden interés visual y altura al paisaje. Las yucas pueden crear un telón de fondo sorprendente para los cactus y al mismo tiempo contribuir a la estética general del desierto.

Hierbas

Ciertas hierbas que prosperan en condiciones secas, como el romero, la salvia y el orégano, se pueden plantar junto con los cactus. Estas hierbas añaden aromas aromáticos a tu jardín y también sirven para fines culinarios y medicinales. Su naturaleza tolerante a la sequía y tu compatibilidad con los cactus los convierten en compañeros versátiles.

Rocas y grava

La incorporación de rocas decorativas y grava en tu jardín de cactus puede imitar el entorno natural del desierto y también tener beneficios prácticos. Las rocas y la grava ayudan a regular la temperatura del suelo, previenen la erosión y mejoran el drenaje. También crean un paisaje visualmente atractivo que complementa las texturas únicas de los cactus.

Al planificar tu arreglo de asociación de cultivos, considera las necesidades específicas de cada planta, incluidos los requisitos de agua, luz solar, suelo y espacio. Agrupe las plantas con necesidades similares para asegurarse de que prosperen y armonicen. El monitoreo regular, el espaciado adecuado y el ajuste de las rutinas de cuidado según sea necesario contribuirán a tener un jardín de cactus exitoso y visualmente cautivador con plantas complementarias bien elegidas.

Comprobación de la compatibilidad de las plantas

Tener en cuenta la compatibilidad en términos de requisitos de luz, las necesidades de agua, los hábitos de crecimiento y las preferencias de suelo es esencial para crear un entorno de jardín exitoso y armonioso. Cada especie de planta tiene características y preferencias únicas, y comprender estos factores ayuda a los jardineros a tomar decisiones informadas sobre la ubicación y combinaciones de las plantas. He aquí por qué es importante la compatibilidad:

Requisitos de luz

Las diferentes plantas tienen diferentes preferencias de luz, desde pleno sol hasta sombra parcial o sombra total. Plantar juntas especies con necesidades de luz similares garantiza que todas las plantas reciban la cantidad adecuada de luz solar. Colocar plantas que aman la sombra bajo la luz solar directa o poner plantas que aman el sol bajo la sombra puede provocar estrés, marchitez o crecimiento deficiente. Al agrupar plantas con necesidades de luz similares, se optimiza tu salud y vitalidad en general.

Necesidades de agua

Los requisitos de agua pueden variar ampliamente entre las especies de plantas. Algunas plantas son tolerantes a la sequía y prefieren riegos poco frecuentes, mientras que otras necesitan un suelo constantemente húmedo. Emparejar plantas con necesidades de agua similares garantiza que todas las plantas reciban la cantidad adecuada de agua, evitando el riego excesivo o insuficiente. El riego excesivo provoca la pudrición de las raíces y otros problemas relacionados con el agua, mientras que el riego insuficiente puede hacer que las plantas se marchiten y debiliten.

Hábitos de crecimiento

Las plantas tienen diferentes patrones de crecimiento, como altura, extensión y velocidad de crecimiento. Gestionar el hábitat de crecimiento es esencial para evitar la superpoblación de plantas y hacer que las plantas existentes luchen por los recursos. Por ejemplo, si combina una planta de rápido crecimiento con cactus o suculentas, la planta de crecimiento agresivo puede fácilmente superar a las plantas cercanas, consumiendo todos los recursos del suelo. La selección de plantas con hábitos de crecimiento complementarios garantiza que todas las plantas tengan suficiente espacio para desarrollarse plenamente sin restringir el crecimiento de las demás.

Preferencias de suelo

Cada planta tiene diferentes preferencias de suelo, que incluyen diferentes niveles de pH y requisitos de nutrientes, humedad del suelo y textura de este. Algunas plantas prefieren suelos con buen drenaje, mientras que otras prefieren prosperar en suelos húmedos y arcillosos. Colocar juntas plantas con preferencias de suelo similares ayuda a crear un entorno de crecimiento ideal para cada especie. Además, ciertas plantas pueden mejorar las condiciones del suelo para otras mediante la fijación de nitrógeno o la aireación del suelo.

Compatibilidad de plantas

Escoge plantas con requisitos de crecimiento similares en cuanto a preferencias de luz solar, agua y suelo. Evita emparejar plantas con necesidades muy diferentes, lo que puede generar competencia por recursos y obstaculizar tu crecimiento. Por ejemplo, combina plantas amantes del sol o tolerantes a la sombra para asegurarse de que florezcan en tus respectivos entornos.

Hábitos de crecimiento

Otro tema en el que pensar son los hábitos de crecimiento de las plantas y cómo interactuarán físicamente en el jardín. Las plantas altas pueden proporcionar sombra o apoyo a las plantas más bajas. Por ejemplo, los girasoles altos pueden ofrecer sombra a los cactus suculentos, a las lechugas, ya que crecen más cerca del suelo, o proporcionar una estructura resistente para que los frijoles trepadores trepen en ella.

Necesidades de nutrientes

Combina plantas con diferentes necesidades de nutrientes para garantizar un uso eficiente de los recursos del suelo. Algunas plantas, como las legumbres, fijan nitrógeno en el suelo, lo que beneficia a las plantas cercanas que necesitan nitrógeno para un crecimiento saludable. Por ejemplo, cultive frijoles o guisantes fijadores de nitrógeno junto con suculentas y cactus para proporcionarles el nitrógeno necesario para prosperar.

Propiedades repelentes de plagas

Usa plantas complementarias que disuadan a las plagas o atraigan insectos beneficiosos. Ciertas hierbas, flores o plantas aromáticas tienen propiedades naturales repelentes de plagas, que pueden ayudar a proteger los cultivos susceptibles cercanos. Por ejemplo, plantar caléndulas puede repeler plagas e insectos, previniendo infestaciones que potencialmente podrían afectar a los cactus.

Atracción de polinizadores

Incluya plantas que atraigan agentes polinizadores tales como abejas, mariposas y otros insectos beneficiosos. Las flores con abundante néctar y polen pueden aumentar las tasas de polinización y fructificación. Por ejemplo, plantar lavanda o borraja cerca de los cactus aumentará su tasa de polinización.

Plantación de sucesión

Combine plantas con diferentes estaciones de crecimiento o tasas de madurez para mantener el entorno bajo control. Por ejemplo, se pueden plantar cultivos de rápido crecimiento como rábanos o lechugas junto a las suculentas cuando necesites proporcionarles sombra, limitar la erosión del suelo y mantener a raya la producción de malezas. Estos cultivos de crecimiento más rápido se cosechan, lo que brindará más espacio y recursos para los de crecimiento más lento.

Atractivo estético

Considera el impacto visual de las combinaciones de los cultivos asociados. Combina plantas con colores, texturas y alturas contrastantes para crear exhibiciones armoniosas y visualmente atractivas en tu jardín. Por ejemplo, combinar albahaca morada y caléndulas de color amarillo brillante con cactus y suculentas puede crear un contraste de color llamativo y vibrante.

Opciones de plantas nativas y regionales

Seleccione plantas nativas o adaptadas regionalmente para hacer asociaciones de cultivos a fin de apoyar los ecosistemas locales y fomentar la vida silvestre beneficiosa, como los polinizadores nativos. Las plantas nativas suelen adaptarse bien al clima local y requieren menos mantenimiento.

En resumen, realizar las asociaciones de cultivos adecuadas con cactus y suculentas implica una planificación cuidadosa, teniendo en cuenta la compatibilidad de las plantas, las necesidades de nutrientes, los hábitos de crecimiento, las propiedades repelentes de plagas y la estética. Al crear un ecosistema de jardín diverso y equilibrado, los jardineros pueden maximizar la productividad, reducir la presión de las plagas, apoyar a los polinizadores y mejorar la salud y belleza general de sus jardines.

Al considerar estos factores de compatibilidad, los jardineros obtienen varios beneficios:

Asignación eficiente de recursos: combinar plantas con requisitos similares minimizará el desperdicio de recursos. El agua y los fertilizantes se pueden aplicar con mayor precisión, asegurando que cada planta obtenga lo que necesita sin exceso ni deficiencia.

Disminución de los esfuerzos de mantenimiento: cuando las plantas son compatibles, es más probable que prosperen en su entorno, lo que genera menos problemas de plagas y menos estrés en las plantas. Esto puede reducir la necesidad de esfuerzos de intervención y mantenimiento.

Arreglos estéticamente agradables: agrupar plantas con hábitos de crecimiento, colores y texturas complementarias puede crear paisajismos o parterres visualmente atractivos.

Se mejora la biodiversidad: al seleccionar una gama diversa de plantas compatibles, los jardineros promueven la biodiversidad y atraen una gama más amplia de insectos y vida silvestre beneficiosa para el jardín.

En general, considerar la compatibilidad en términos de luz, agua, hábitos de crecimiento y preferencias de suelo es crucial para una jardinería exitosa. Permite a los jardineros crear entornos de jardín equilibrados, sostenibles y visualmente agradables donde cada planta prospere y contribuya a la salud y productividad general del espacio.

Recomendaciones de plantas complementarias

Asociación de cultivos para repeler las plagas

Los cultivos asociados que repelen las plagas emiten compuestos o aromas naturales que disuaden a las plagas comunes del jardín. Incluir estas plantas en tu jardín puede ayudar a reducir las poblaciones de plagas y minimizar la necesidad de pesticidas químicos. Algunos ejemplos de cultivos asociados repelentes de plagas son:

Caléndulas: las caléndulas son conocidas por repeler pulgones, moscas blancas y nematodos. Su aroma distintivo actúa como un elemento disuasorio natural, lo que los convierte en compañeros eficaces de verduras como tomates, pimientos y patatas.

Capuchinas: las capuchinas son otra excelente opción para el control de plagas. Disuaden a los pulgones, las moscas blancas, las chinches de las calabazas y los escarabajos del pepino. Plantar capuchinas cerca de pepinos, calabazas y tomates puede ayudar a proteger estos cultivos vulnerables de las plagas comunes del jardín.

Plantas fijadoras de nitrógeno y mejoramiento del suelo

Las plantas fijadoras de nitrógeno mejoran la fertilidad del suelo enriqueciéndolo con nitrógeno, un nutriente esencial para el crecimiento de las plantas. Estas plantas tienen una relación simbiótica con las bacterias fijadoras de nitrógeno, que convierten el nitrógeno atmosférico en una forma fácilmente disponible para las plantas. Ejemplos de plantas fijadoras de nitrógeno incluyen:

Las legumbres (frijoles, guisantes, lentejas, etc.) son bien conocidos fijadores de nitrógeno. Forman nódulos en tus raíces, donde residen las bacterias fijadoras de nitrógeno. A medida que estas plantas crecen, toman nitrógeno del aire y lo almacenan en el suelo, beneficiando a las plantas vecinas como las verduras de hojas verdes, las brassicas y el maíz.

Atrayentes de polinizadores

Los cultivos asociados que atraen a los polinizadores desempeñan un papel vital en los ecosistemas de los jardines al atraer abejas, mariposas y otros insectos beneficiosos. Estos polinizadores son esenciales para el cuajado de frutos en muchas plantas con flores. Ejemplos de cultivos asociados que atraen polinizadores incluyen:

Flores aptas para las abejas: las flores como las zinnias, los girasoles, el cosmos y la lavanda son atractivas para las abejas y otros polinizadores.

Plantar estas flores cerca de plantas frutales como pepinos, tomates, fresas y melones puede mejorar las tasas de polinización y aumentar el rendimiento de estos cultivos.

Combinaciones Estéticas

Las combinaciones estéticas se centran en crear exhibiciones de jardín visualmente atractivas combinando plantas con colores, texturas y formas contrastantes. Algunos ejemplos de combinaciones estéticas son:

Contrastes de color y textura: combinar plantas con colores y texturas contrastantes puede crear exhibiciones visuales sorprendentes. Por ejemplo, puedes plantar salvia morada con caléndulas amarillas para obtener una combinación de colores complementaria o rosas rojas con margaritas blancas para lograr un contraste clásico.

Jardinería en macetas y plantas compañeras en interiores

La asociación de cultivos no se limita a los jardines tradicionales al aire libre. También se puede utilizar en jardinería en macetas y arreglos de plantas de interior. Algunos ejemplos de cultivos asociados en contenedores y en interiores son:

Hierbas y verduras: plantar hierbas como albahaca, menta o perejil junto con verduras compactas en recipientes puede ahorrar espacio y proporcionar hierbas frescas para uso culinario. Por ejemplo, combinar tomates cherry con albahaca u hojas verdes para ensaladas con cebollino puede ser una combinación práctica y estéticamente agradable.

Suculentas y cactus: mezclar diferentes variedades de suculentas y cactus en contenedores puede crear exhibiciones hermosas y de bajo mantenimiento para espacios interiores y exteriores. La combinación de las diferentes formas, colores y tamaños de estas plantas resistentes puede dar como resultado arreglos llamativos.

Consideraciones de cuidado y mantenimiento

Al planificar cultivos asociados, es esencial considerar las necesidades específicas de cuidado y mantenimiento de cada planta. Algunas consideraciones clave incluyen:

Riego: agrupa las plantas con necesidades de agua similares para garantizar un riego eficiente y evitar un riego excesivo o insuficiente. Por ejemplo, combinar plantas tolerantes a la sequía, como las suculentas, con otras plantas que necesitan poca agua puede simplificar las rutinas de riego.

Poda: coordina los hábitos de crecimiento y los requisitos de espacio para evitar el hacinamiento y proporcionar suficiente espacio para que las plantas crezcan sin darse demasiada sombra entre sí. La poda y el recorte regulares de las plantas ayudan a mantener el equilibrio deseado en el jardín.

Manejo de plagas: considera las propiedades repelentes de plagas de las plantas asociadas al planificar el diseño de tu jardín. Incluir plantas repelentes de plagas estratégicamente en todo el jardín puede ayudar a disuadir naturalmente las plagas comunes, reduciendo la necesidad de pesticidas químicos.

Al considerar estos factores y seleccionar cuidadosamente las plantas complementarias en función de sus beneficios y compatibilidad, los jardineros pueden crear entornos de jardín prósperos y sostenibles. La asociación de cultivos fomenta la biodiversidad, mejora el control natural de plagas y agrega atractivo estético al jardín, contribuyendo en última instancia a un ecosistema más equilibrado y armonioso.

Apéndice: Cactus y suculentas de la A a la Z: Referencia para identificación de especies

Con miles de especies de cactus en todo el mundo, hay al menos una suculenta por cada letra del alfabeto. Este apéndice es una guía de la A a la Z de algunos de los cactus y suculentas más interesantes y fácilmente identificables que podrás encontrar.

Acanthocalycium Glaucum

Nombre científico: Acanthocalycium Glaucum

Nombre común: Acanthocalycium Glaucum

Toma una forma circular y, a menudo, se alarga hasta formar un solo cactus. El tallo crece hasta 5,9 pulgadas de alto y alrededor de 3,15 pulgadas de diámetro. El Acanthocalycium Glaucum tiene de 8 a 14 costillas, todas cubiertas por pruina para protección. Las espinas de la planta miden alrededor de 0,9 de largo y son claras en la base y oscuras en los extremos. El Acanthocalycium Glaucum tampoco tiene espina central. Produce flores rojas o amarillas que crecen hasta 10 pulgadas de alto.

Acanthocalycium tionanthum

Nombre científico: Acanthocalycium Thionanthum

Nombre común: Acanthocalycium Thionanthum

Este cactus tiene un hábito único que puede ramificarse lentamente a medida que crece. Crece hasta 4,7 pulgadas de largo y 3,9 pulgadas de diámetro. El tallo de la planta es globular y es de color verde claro a verde azulado y tiene de 9 a 15 nervaduras. Los cactus más jóvenes tienen espinas negras que se vuelven amarillentas a medida que envejecen. Las espinas son largas y afiladas y se encuentran en grupos de 5 a 10 en cada areola, junto con una a cuatro espinas centrales. El Acanthocalycium Thionanthum produce flores de color amarillo brillante en forma de campana y rara vez produce flores de color naranja o blanco.

Cactus bola

Nombre científico: Parodia Magnifica

Nombre común: Cactus bola

Este cactus tiene un tallo con forma de bola o cilindro que crece hasta 12 pulgadas de alto y 18 pulgadas de ancho. Los cactus de esta variedad pueden crecer en racimos y con frecuencia producen flores amarillas, rosadas, rojas o naranjas. Los cactus más jóvenes tienen púas blancas que se vuelven de color marrón amarillento a medida que envejecen.

Cabega

Nombre científico: Austrocephalocereus dybowskii

Nombre común: Cabega

Las cabegas miden 3,9 pulgadas de diámetro y tienen vástagos en forma de cilindro. Crecen en grupos y están cubiertos de pelusa blanca. Cada tallo tiene alrededor de 20 costillas y de dos a tres espinas centrales, junto con numerosas espinas radiales diminutas. Las flores de cabega son blancas y con forma de campana.

Cactus de pipa del holandés

Nombre científico: Epiphyllum oxypetalum

Nombre común: Cactus pipa del holandés

Este cactus puede crecer más de 9,8 pies de largo y tiene varias ramas. Los tallos pueden crecer entre 6,5 y la friolera de 19,6 pies de largo, lo que hace que se aplanen y queden de lado. Producen abundantes flores blancas grandes y rara vez producen frutos.

Equinopsis

Nombre científico: Echinopsis Thelegona

Nombre común: Equinopsis

Este cactus crece hasta 7,2 pies de alto y 3,9 pulgadas de diámetro. Produce algunos brotes y el tallo tiene de 12 a 13 nervaduras. La ecnoposis se caracteriza por tus areolas, que crecen en patrones hexagonales. El cactus tiene de cinco a ocho espinas radiales y una espina media. En casos raros, la equiposis puede existir con dos espinas medias. La planta produce flores blancas que miden alrededor de 8,6 pulgadas de largo y 6,6 pulgadas de diámetro.

Castillo de hadas

Nombre científico: Acanthocereus Tetragonus

Nombre común: Castillo de hadas

El Acanthocereus Tetragonus se encuentra entre los cactus más fáciles de detectar porque se asemeja a un castillo en el que viviría un hada. El Castillo de las Hadas tiene varios tallos, cada uno de diferente altura. La altura promedio de los tallos es de 3,2 pies. Los tallos tienen espinas blancas a lo largo de las costillas y les crecen al menos cien ramas y ramitas.

Cactus de mentón gigante

Nombre científico: Gymnocalycium Saglionis

Nombre común: Cactus de mentón gigante

El cactus mentón gigante es un tallo único y enorme con largas espinas. El tallo parece una esfera algo plana y tiene entre 7,4 y 15,7 pulgadas de diámetro. La mayoría de los cactus de mentón gigante miden entre 5,9 y

11,8 pulgadas de alto. Sin embargo, pueden crecer hasta 2,9 pies de altura. Tienen de una a tres espinas centrales rectas y de 10 a 15 radiales curvas. Producen frutos rojos, globulares y flores en forma de embudo.

Cactus orquídea de Hooker

Nombre científico: Epiphyllum hookeri

Nombre común: Cactus orquídea de Hooker

A primera vista, se podría confundir el Epiphyllum Hookeri con una planta no suculenta debido a tu largo follaje. Sin embargo, si miras con suficiente atención, verás los tallos y las espinas del cactus. La planta produce hermosas flores blancas y crece hasta 9 pulgadas de alto.

Cactus colmena de Johnson

Nombre científico: Echinomastus Johnsonii

Nombre común: Cactus colmena de Johnson

Este cactus tiene tallos cilíndricos que crecen hasta 10 pulgadas de alto y 4 pulgadas de diámetro. Tiene innumerables espinas dobladas que vienen en varios colores, como morado, rojo, amarillo, rosa y gris. El Cactus colmena de Johnson produce flores rosadas y amarillas que crecen un poco más de 3 pulgadas de alto.

Koko

Nombre científico: Echinopsis Formosa

Nombre común: Koko

Los cactus Koko son tallos globulares con espinas de color amarillo dorado que crecen en racimos o tallos de forma cilíndrica con espinas de color blanco cremoso que crecen solos. El Echinopsis Formosa crece hasta 28 pulgadas de alto y 16 pulgadas de diámetro. No crecen rápidamente, por lo que les llevará al menos tres décadas alcanzar tu máximo potencial de crecimiento. A los cactus Koko les crecen flores amarillas.

Cactus de dedo de señora

Nombre científico: Mammillaria Elongata
Nombre común: Lady Finger Cactus

Estos tallos de cactus toman la forma de dedos y cada uno crece hasta 8 pulgadas de alto y 1,2 pulgadas de ancho. Sus espinas son de color amarillo dorado, contrastando perfectamente con los tallos de color verde oscuro. El cactus florece con flores de color rosa claro, amarillo o blanco.

Mammillaria Dixantocentron

Nombre científico: Mammillaria Dixanthocentron
Nombre común: Mammillaria dixantocentron

Este cactus cilíndrico tiene de dos a cuatro espinas centrales amarillas y suaves de color rojizo y de 19 a 20 radiales blancas. Crece hasta 11,8 pulgadas de alto y tiene de 2,7 a 3,14 pulgadas de diámetro. Produce flores pequeñas, de color rojo claro o rosa, que miden alrededor de 3,9 pulgadas de largo. También produce frutos de color amarillo o naranja.

Cactus Anciana

Nombre científico: Mammillaria Hahniana
Nombre común: Cactus anciana

Este cactus es una obra de arte natural. Tiene un tallo globular y a menudo crece en racimos. El tallo único promedio mide 4 pulgadas de alto y 5 pulgadas de diámetro, pero puede alcanzar 10 pulgadas de altura con el tiempo. Si bien la bola de pelusa puntiaguda parece interesante por sí sola, las flores de color rojo violeta que florecen durante el verano crean un sorprendente efecto de corona.

Cactus cola de rata

Nombre científico: Aporocactus Flagelliformis
Nombre común: Cactus cola de rata

Esta es otra suculenta que puedes identificar fácilmente. Se caracteriza por tus tallos largos y delgados con forma de serpiente, que crecen hasta 4 pies de altura. El cactus cola de rata produce cautivadoras flores de color rojo violáceo, pero a veces puede florecer con flores de color naranja y rosa.

Saguaro

Nombre científico: Carnegiea gigantea
Nombre común: Saguaro

Esta suculenta gigante es lo que viene a la mente de la mayoría de las personas cuando escuchan la palabra "cactus". Así es como se representa esta planta en la mayoría de los dibujos animados y películas ambientadas en los desiertos de México o Arizona. El cactus crece hasta la asombrosa cifra de 50 pies de largo y 30 pulgadas de diámetro. A algunos cactus les crecen de una a cinco ramas en forma de brazos, mientras que a otros no les crece ninguna.

Cactus dedal

Nombre científico: Mammillaria Gracilis
Nombre común: Cactus dedal

Mucha gente prefiere tener cactus dedal como planta de interior debido a su apariencia única y decorativa y su pequeño tamaño. Crecen en racimos, cada uno de los cuales crece hasta 3 pulgadas de alto y 2 pulgadas de ancho. Los cactus dedal también producen flores blancas o rosadas.

Planta cebra

Nombre científico: Haworthia fasciata
Nombre común: Planta cebra

Esta llamativa suculenta es fácil de identificar a kilómetros de distancia. Tiene hojas brillantes, largas y puntiagudas de color verde oscuro, con rayas de color blanco cremoso que resaltan las venas, asemejándose a la piel de cebra. La suculenta produce flores amarillas o blancas en la parte superior del tallo.

Conclusión

Es hora de refrescar la memoria con un breve resumen. En el sentido biológico, un cactus es una suculenta, pero los jardineros y horticultores las catalogan como dos tipos de plantas distintas. Las suculentas han estado evolucionando durante millones de años, pero se convirtieron en una tendencia entre los humanos poco después del nacimiento de las redes sociales.

Hay más de 10.000 especies de suculentas, de las cuales 1.700 son cactus. Por lo tanto, puede resultarte difícil elegir solo uno para tu colección. Simplemente recuerda cuatro puntos importantes: condiciones de crecimiento, preferencias de las plantas, recursos disponibles y el objetivo final de la planta.

Después de seleccionar la especie adecuada, ten mucho cuidado con el proceso de plantación. Planta dos o más suculentas lo más separadas posible y prepara el área de plantación con tierra adecuada y espacio para drenaje. Si sigues las mejores técnicas, existe una alta probabilidad de que tu planta se convierta en el espécimen perfecto que tu corazón desea. Además, dado que los cactus y las suculentas son en su mayoría ornamentales, no olvides colocarlos de una manera visualmente atractiva.

Luego viene la parte más importante del cuidado de estas plantas: el riego, o, mejor dicho, la falta de este. Debes tener mucho cuidado de no regar en exceso ninguna especie de cactus o suculentas. Usa las herramientas y técnicas de riego adecuadas. Ten en cuenta la temperatura del entorno y asegúrate de evaluar el nivel de humedad del suelo antes de verter más agua.

Dicho esto, cuidar y mantener tus cactus y suculentas es absurdamente sencillo, ya que rara vez necesitan algo. Sólo necesitas recordar algunos puntos importantes, como las opciones de fertilización, los ajustes estacionales del cuidado, el control de plagas y enfermedades y las prácticas de cuidado esenciales.

Además, dado que los cactus y las suculentas son principalmente ornamentales, puedes podarlos para darles formas y figuras atractivas. Si bien no es tan fácil como podar un bonsái, ya que sus hojas y tallos son considerablemente más gruesos, tampoco es un proceso agotador. Podar y cortar estas plantas también tiene un beneficio adicional. Puedes utilizar las partes cortadas para cultivar más plantas del mismo tipo con una técnica llamada propagación o clonación.

Multiplicar y ampliar tu jardín es una perspectiva intrigante, pero debes asegurarte de haber plantado todas las plantas complementarias necesarias. No sólo embellecen tu jardín, sino que también ayudan al crecimiento de las otras plantas.

Se recomienda mantener este libro abierto en todo momento durante el proceso de plantación para consultar instrucciones específicas, al menos durante los primeros intentos. Una vez que hayas retenido toda la información que se muestra aquí y te hayas acostumbrado a todo el procedimiento, podrás soltar las muletas y volar alto, sintiéndote libre de ir hacia el reino de los cactus y las suculentas, todo por tu cuenta.

Vea más libros escritos por Dion Rosser

Referencias

"11 Fertilizantes caseros para plantas caseros (con recetas)". *Jardinería,* 21 de mayo de 2022, https://gardening.org/homemade-plant-fertilizer-recipes/ .

Andrychowicz, Amy. "Inicio de semillas 101: La guía definitiva para cultivar plantas a partir de semillas". *Ocúpese de la jardinería,* 16 mar. 2017, https://getbusygardening.com/growing-seeds/

Angelo. "¿Qué es la siembra en compañía y cómo funciona?". *Permacultura verde profunda,* 17 ago. 2009, https://deepgreenpermaculture.com/2009/08/17/companion-planting/#:~:text=Companion%20planting%20is%20the%20practice.

"Elegir la ubicación adecuada para su huerto". *Sala de prensa,* 7 abr. 2020, https://sebsnjaesnews.rutgers.edu/2020/04/choosing-the-right-location-for-your-vegetable-garden/

" Gráfico de plantación asociada para el huerto: Tomates, patatas y ¡mucho más! | Guía de plantación asociada | El viejo almanaque del granjero". *Www.almanac.com,* www.almanac.com/companion-planting-guide-vegetables#:~:text=The%20Companion%20Planting%20Chart%20lists.

Hailey, Logan. "15 Errores de siembra asociada para evitar esta temporada". *Todo sobre la jardinería,* 22 de junio de 2022, www.allaboutgardening.com/companion-planting-mistakes/.

"Historia del cultivo asociado - Cómo empezó el cultivo asociado". *Cómo cultivar un huerto,* 22 mar. 2022, https://blog.gardeningknowhow.com/tbt/history-of-companion-planting/

"Cómo mezclar abono orgánico con la tierra - Jardín foliar". *Foliargarden.com,* https://foliargarden.com/how-to-mix-organic-fertilizer-with-soil/

"Cómo usar cultivos de cobertura para mejorar el suelo". *BellasPlanta*, 23 de septiembre de 2020, www.finegardening.com/project-guides/gardening-basics/how-to-use-cover-crops-to-improve-soil.

https://www.facebook.com/marthastewart. "La diferencia entre la poda y la poda de partes muertas, y cómo usar cada una para tener plantas y flores más sanas". *Martha Stewart*, www.marthastewart.com/8041967/deadheading-pruning-differences.

https://www.facebook.com/thespruceofficial. "Las plantas asociadas repelen las plagas del jardín y atraen insectos beneficiosos". *El abeto*, 2019, www.thespruce.com/companion-planting-1402735.

https://www.facebook.com/WebMD. "Beneficios de la siembra asociada". *WebMD*, www.webmd.com/a-to-z-guides/benefits-of-companion-planting#:~:text=One%20of%20the%20few%20companion.

https://www.howstuffworks.com/hsw-contact.htm. "HowStuffWorks responde a sus preguntas sobre jardinería". *HowStuffWorks*, 21 ago. 2007, home.howstuffworks.com/gardening/garden-design/gardening-questions-answered.htm.

Judd, Angela. "Guía de resolución de problemas de jardinería: Cómo identificar y resolver problemas comunes del jardín". *Cultivando en el jardín*, 7 ene. 2022, https://growinginthegarden.com/garden-troubleshooting-guide-how-to-identify-solve-common-garden-problems/

margo. "La guía completa 2023 de fertilizantes orgánicos para plantas". *HomeBiogas*, 18 ene. 2023, www.homebiogas.com/blog/organic-fertilizer-for-plants/.

"Fertilizante orgánico vs. fertilizante químico | Productos orgánicos Kellogg Garden OrganicsTM". *Kellogggarden.com*, https://kellogggarden.com/blog/fertilizer/the-advantages-of-organic-fertilizers-over-chemical-fertilizers/

Poindexter, Jennifer. "10 Consejos para cosechar las verduras de su huerto perfectamente y a tiempo". *MorningChores*, 4 abr. 2018, https://morningchores.com/harvesting-your-garden/

"¿Deberías plantar semillas o plantas en su jardín? - Jardinería". *Jardinería*, www.gardenary.com/blog/should-you-plant-seeds-or-plants-in-your-garden.

""Preparación de la tierra: Cómo preparar la tierra del jardín para plantar?". *Almanac.com*, www.almanac.com/soil-preparation-how-do-you-prepare-garden-soil-planting.

Walliser, Jessica. "Cubiertas vegetales para proteger el jardín de las plagas y el clima". *Savvy Gardening*, 29 abr. 2022, https://savvygardening.com/plant-covers/

Cuándo y cómo regar correctamente las plántulas y semillas. 13 feb. 2023, www.gardeningchores.com/watering-seedlings/.

(N.d.). Businesscasestudies.co.uk. https://businesscasestudies.co.uk/amazing-history-of-succulents-where-do-they-come-from/

(N.d.). Gardenia.net. https://www.gardenia.net/guide/great-shrubs-as-companion-plants-for-your-succulents

(N.d.). Weekand.com. https://www.weekand.com/home-garden/article/pollinate-cactus-18060952.php

(N.d.-a). Masterclass.com. https://www.masterclass.com/articles/bunny-ear-cactus-guide#:~:text=The%20bunny%20ear%20cactus%20is,or%20in%20outdoor%20rock%20gardens

(N.d.-b). Masterclass.com. https://www.masterclass.com/articles/bunny-ear-cactus-guide#:~:text=In%20order%20to%20keep%20your,moisture%20and%20drain%20excess%20water.

(N.d.-c). Gardenia.net. https://www.gardenia.net/plant/epiphyllum-oxypetalum#:~:text=Water%20regularly%20during%20the%20growing,damage%20or%20kill%20the%20plant.

(N.d.-d). A-z-animals.com. https://a-z-animals.com/plants/old-lady-cactus/#:~:text=This%20plant%20thrives%20outside%20in,inside%20during%20winter%20and%20fall

14 suculentas y cactus fragantes (te encantarán). (2022, 19 de febrero). AskGardening. https://askgardening.com/fragrant-succulents-cactus/

25 ideas hermosas para jardines de cactus. (S.f.). Trees.com. https://www.trees.com/gardening-and-landscaping/cactus-garden-ideas

29 tipos de cactus (con imágenes y nombres) - guía de identificación. (2021, 11 de octubre). Leafy Place. https://leafyplace.com/types-of-cacti/

Abramson, A. y Milbrand, L. (14 de abril de 2022). Cómo propagar suculentas a partir de hojas o tallos. Real Simple. https://www.realsimple.com/home-organizing/gardening/indoor/how-to-propagate-succulents

Acanthocalycium glaucum. (S.f.). https://www.cactus-art.biz/schede/ACANTHOCALYCIUM/Acanthocalycium_glaucum/Acanthocalycium_glaucum/Acanthocalycium_glaucum.htm

Acanthocereus tetragonus cv. Fairytale castle. (S.f.). http://www.llifle.com/Encyclopedia/CACTI/Family/Cactaceae/6981/Acanthocereus_tetragonus_cv._Fairytale_castle

Manzanas y peras: poda y formación en espaldera / RHS Gardening. (S.f.). Org.uk. https://www.rhs.org.uk/fruit/apples/training-espalier

Baldwin, D. L. (2020, 12 de febrero). Cómo las suculentas combaten el calentamiento global. Debra Lee Baldwin. https://debraleebaldwin.com/succulent-plants/succulents-combat-global-warming/

Baldwin, DL (11 de marzo de 2021). ¿Qué hace que las suculentas sean SUCULENTAS? Debra Lee Baldwin. https://debraleebaldwin.com/cactus/science-of-succulence/

Balogh, A. (17 de mayo de 2017). Cómo plantar suculentas + 8 consejos de cultivo – diseño de jardines. Gardendesign.com; Garden Design Magazine. https://www.gardendesign.com/succulents/planting.html

Beaulieu, D. (20 de enero de 2013). ¿Cuál es la diferencia entre cactus y suculentas? The Spruce. https://www.thespruce.com/difference-between-cacti-and-succulents-3976741

Blumberg, PO (16 de junio de 2020). 5 consejos de expertos para cuidar tus cactus. Southern Living. https://www.southernliving.com/garden/plants/cactus-care-tips

Blumberg, PO (16 de junio de 2020). 5 consejos de expertos para cuidar tus cactus. Southern Living. https://www.southernliving.com/garden/plants/cactus-care-tips

Boeckmann, C. (n.d.). Aloe Vera. Almanac.com. https://www.almanac.com/plant/aloe-vera

Box, S. (n.d.). Tratamiento de plagas y enfermedades comunes de las suculentas. Succulents Box. https://succulentsbox.com/pages/common-pests-diseases

Box, S. (n.d.). Cómo cuidar tus cactus y arreglos suculentos. Succulents Box. https://succulentsbox.com/blogs/blog/how-to-plant-cacti-and-succulents-together

Nopal brasileño (Brasiliopuntia brasiliensis) Flor, Hoja, Cuidados, Usos. (S.f.). PictureThis. https://www.picturethisai.com/wiki/Brasiliopuntia_brasiliensis.html

Cuidados de la tuna brasileña (Riego, Fertilizar, Poda, Propagación). (S.f.). PictureThis. https://www.picturethisai.com/care/Brasiliopuntia_brasiliensis.html

Brown, D. L. (n.d.). Cactus y suculentas. Umn.edu. https://extension.umn.edu/houseplants/cacti-and-succulents

Brown, D. L. (n.d.). Cactus y suculentas. Umn.edu. https://extension.umn.edu/houseplants/cacti-and-succulents

Brown, D. L. (n.d.). Cactus y suculentas. Umn.edu. https://extension.umn.edu/houseplants/cacti-and-succulents

Bunny Ears Cactus. (S.f.). Planterina. https://planterina.com/blogs/indoor-plant-care/bunny-ears-cactus

Burro's tail, Sedum morganianum. (S.f.). Wisconsin Horticulture. https://hort.extension.wisc.edu/articles/burros-tail-sedum-morganianum/

Problemas de cactus y suculentas. (2019, 1 de marzo). Acerca de la revista The Garden. https://www.aboutthegarden.com.au/cacti-and-succulent-problems/

Cuidados y consejos de los cactus. (2022, 13 de marzo). Smith Rock Cactus Company. https://smithrockcactuscompany.com/cactus-care-tips/

Cuidados y consejos de los cactus. (2022, 13 de marzo). Smith Rock Cactus Company. https://smithrockcactuscompany.com/cactus-care-tips/

Cuidados de cactus. (2007, 15 de agosto). HowStuffWorks. https://home.howstuffworks.com/cactus-care1.htm

Cuidados de los cactus: ¿Cómo regar los cactus (cactus)? (2018, 31 de agosto). Guía de plantación de terrarios. https://plantinterrarium.com/cactus-care-how-to-water-cacti-cactuses/

Proyecto rincón cactus - historia. (S.f.). Theinkrag.com. https://www.theinkrag.com/cactus_corner_project/historycc.html

Cactus. (S.f.). Mcgill.Ca

Carberry, A. (2005, 29 de enero). Cómo cultivar un cactus. WikiHow. https://www.wikihow.com/Grow-a-Cactus

Cuidando cactus y suculentas - plantas de interior - Westland. (2018, 5 de febrero). Salud del jardín. https://www.gardenhealth.com/advice/plants-flowers/how-to-care-for-cacti-and-succulents

Cuidando cactus y suculentas - plantas de interior - Westland. (2018, 5 de febrero). Salud del jardín. https://www.gardenhealth.com/advice/plants-flowers/how-to-care-for-cacti-and-succulents

Carnegiea gigantea | Landscape Plants | Oregon State University. (S.f.). https://landscapeplants.oregonstate.edu/plants/carnegiea-gigantea

Enfermedades y plagas comunes de las suculentas para tener en cuenta. (S.f.). Plantas para todas las estaciones. https://www.plantsforallseasons.co.uk/blogs/succulent-care/common-succulent-diseases-and-pests-to-look-out-for

Ampliación cooperativa: Jardín y patio. (2011, 2 de diciembre). Extensión Cooperativa: Jardín y Patio. https://extension.umaine.edu/gardening/manual/propagation/plant-propagation/

Cowen, J. (2 de mayo de 2021). Los 5 mejores fertilizantes para suculentas y cactus + cómo fertilizar. El Patio y el Jardín. https://theyardandgarden.com/best-succulent-and-cactus-fertilizer/

Cox, M. (sin fecha). Cómo podar topiario. Saga.co.uk. https://www.saga.co.uk/magazine/home-garden/gardening/advice-tips/pruning/how-to-prune-topiary

Wilder creativo. (2021, 26 de febrero). 4 beneficios de propagar plantas. Sitio web de Pop Wilder. https://www.popwilder.com/post/4-benefits-of-propagating-plants

D, J. (2023). 132 tipos diferentes de cactus enumerados en la base de datos de fotografías de la A a la Z. Home Stratosphere. https://www.homestratosphere.com/types-of-cacti/?fwp_paged=5

Humedales panorámicos de Edinburg y Centro Mundial de Observación de Aves. (S.f.). Insecto cochinilla: El tinte natural. Humedales escénicos de Edinburg y World Birding Center. https://edinburgwbc.org/news/f/cochineal-insect-the-natural-dye

P.ej. (2021). Trichocereus thelegonus / Echinopsis thelegona Friedrich & Rowley. Trichocereus.net - ¡Semillas de cactus y libros! https://trichocereus.net/trichocereus-thelegonus-echinopsis-thelegona-friedrich-rowley/

Epiphyllum oxypetalum. (S.f.). http://www.llifle.com/Encyclopedia/CACTI/Family/Cactaceae/8223/Epiphyllum_oxypetalum

Espíritu, K. (2019, 6 de noviembre). Cómo cultivar una palmera de cola de caballo al aire libre. Epic Gardening. https://www.epicgardening.com/growing-ponytail-palm-outdoors/

Forbes, N. (2022, 15 de julio). Cultivo de cactus y suculentas en interior. Los 7 decisiones de Dennis | Servicios de paisajismo y centros de jardinería; Centros de jardinería y paisajismo 7 Dees de Dennis. https://dennis7dees.com/growing-cacti-succulents-indoors/

Foster, N. (21 de mayo de 2022). Cuidados de cactus de interior para principiantes (guía 2023). Jardín Joy Us | Cuidado, Propagación y Poda; Joy Us Garden. https://www.joyusgarden.com/indoor-cactus-care/

Guía completa sobre enfermedades, plagas y tratamientos de cactus. (2018, 26 de octubre). Guía de plantación de terrarios. https://plantinterrarium.com/full-guide-on-cactus-diseases-pests-and-treatments/

García, A. (2022, 24 de octubre). La importancia del nopal para los mexicanos. Mansión Mauresca. https://mansionmauresque.com/the-importance-of-nopal-cactus-to-mexicans/

Gaumond, A. (31 de julio de 2023). El cactus: una guía de tu significado, simbolismo e importancia cultural. República de los pétalos. https://www.petalrepublic.com/cactus-meaning/

Gilmer, M. (16 de enero de 2015). El sol del desierto. El sol del desierto. https://www.desertsun.com/story/life/home-garden/maureen-gilmer/2015/01/16/san-pedro-cactus-ornamental-maureen-gilmer/21789499/

Gotter, A. (25 de mayo de 2017). Nopal: beneficios, usos y más. Healthline. https://www.healthline.com/health/nopal

Grant, BL (30 de diciembre de 2012). Cactus de flor de estrella de mar: consejos para cultivar flores de estrella de mar en interiores. Gardening Know How. https://www.gardeningknowhow.com/ornamental/cacti-succulents/starfish-flower/growing-starfish-flowers.htm

Grant, BL (12 de septiembre de 2014). Las plantas establecidas son altas y con ramas largas: qué hacer para que las plantas con ramas largas crezcan. Gardening Know How. https://www.gardeningknowhow.com/plant-problems/environmental/established-plants-leggy.htm

Grant, BL (19 de mayo de 2018). Información sobre chollas bastón: Consejos para el cuidado de chollas bastón. Gardening Know How. https://www.gardeningknowhow.com/ornamental/cacti-succulents/cholla-cactus/caring-for-walking-stick-chollas.htm

Gregarious Inc. (nd-a). Old Man Cactus. Greg.App. https://greg.app/plant-care/old-man-cactus-cephalocereus-senilis

Gregarious Inc. (nd-b). ¿Qué suelo es mejor para un cactus navideño? Greg.App. https://greg.app/blog/cactus/what-soil-is-best-for-a-christmas-cactus/

Growing aloe. (S.f.). Miraclegro.com. https://miraclegro.com/en-us/indoor-gardening/growing-aloe.html

Gymnocalycium saglionis subs. tilcarense. (S.f.). http://www.llifle.com/Encyclopedia/CACTI/Family/Cactaceae/12119/Gymnocalycium_saglionis_subs._tilcarense

Hailey, L. (22 de junio de 2022). 15 errores de siembra complementaria que se deben evitar en esta temporada. Todo sobre jardinería. https://www.allaboutgardening.com/companion-planting-mistakes/

Hassani, N. (28 de febrero de 2023). 31 tipos de suculentas que vale la pena cultivar. The Spruce. https://www.thespruce.com/types-of-succulents-7090763

Hicks-Hamblin, K. (29 de septiembre de 2021). Los beneficios científicamente respaldados de la asociación de cultivos. Gardener's Path. https://gardenerspath.com/how-to/organic/benefits-companion-planting/

Homegrown Garden. (S.f.). ¿Qué suculentas se pueden plantar juntas? Homegrown Garden. https://homegrown-garden.com/blogs/blog/which-succulents-can-be-planted-together

Cómo cuidar un cactus navideño: una guía completa. (2021, 12 de noviembre). The Sill. https://www.thesill.com/blog/christmas-cactus

Cómo cuidar una planta de cactus lápiz. (S.f.). Greeneryunlimited.Co. https://greeneryunlimited.co/pages/pencil-cactus-care

Cómo cultivar un cactus navideño. (S.f.). Miraclegro.com. https://miraclegro.com/en-us/indoor-gardening/how-to-grow-a-christmas-cactus.html

Cómo cultivar cactus y suculentas. (S.f.). Horticulture Magazine. https://horticulture.co.uk/succulents/

Cómo, GK (9 de abril de 2016). Fertilizar plantas de cactus: Cuándo y cómo fertilizar un cactus. Gardening Know How. https://www.gardeningknowhow.com/ornamental/cacti-succulents/scgen/fertilizing-cactus-plants.htm

Cómo, GK (9 de abril de 2016). Fertilizar plantas de cactus: Cuándo y cómo fertilizar un cactus. Gardening Know How. https://www.gardeningknowhow.com/ornamental/cacti-succulents/scgen/fertilizing-cactus-plants.htm

Hughes, M. (3 de septiembre de 2021). Cómo arreglar plantas de ramas largas para un exuberante jardín interior. Mejores casas y jardines. https://www.bhg.com/gardening/houseplants/care/fix-leggy-houseplants/

Iannotti, M. (2018, 1 de octubre). Corona de Espinas (Euphorbia milii): Guía de cuidado y cultivo. The Spruce. https://www.thespruce.com/crown-of-thorns-plant-4175182

Plagas de insectos de cactus y suculentas cultivadas como plantas de interior. (S.f.). Missouribotanicalgarden.org. https://www.missouribotanicalgarden.org/gardens-gardening/your-garden/help-for-the-home-gardener/advice-tips-resources/pests-and-problems/insects/mealybugs/insect-pests-of-cacti-and-succulents

Planta de jade: cómo cultivar y cuidar plantas de jade – diseño de jardines. (2020, 22 de septiembre). Gardendesign.com; Garden Design Magazine. https://www.gardendesign.com/succulents/jade-plant.html

Jagdish. (2021, 10 de mayo). Poda en agricultura: beneficios, consejos e ideas. Agricultura agrícola. https://www.agrifarming.in/pruning-in-agriculture-benefits-tips-and-ideas

Jamie. (2021, 3 de septiembre). Cómo arreglar plantas y plántulas de ramas largas + consejos de prevención. WhyFarmIt. https://whyfarmit.com/how-to-fix-leggy-plants/

Janie. (2020, 5 de octubre). Abono para cactus: Cuándo, cómo y en qué proporción. Succulent Alley. https://succulentalley.com/fertilizer-for-cactus/

Janie. (2020, 29 de septiembre). Cómo plantar cactus en tierra: una guía paso a paso. Succulent Alley. https://succulentalley.com/how-to-plant-cactus-in-ground/

Janie. (2023, 31 de enero). ¿Se pueden plantar juntos cactus y suculentas? Succulent Alley. https://succulentalley.com/can-cactus-and-succulents-be-planted-together/

Cactus colmena de Johnson (Echinomastus johnsonii). (S.f.). iNaturalist United Kingdom. https://uk.inaturalist.org/taxa/871500-Echinomastus-johnsonii

Lalko, A. (2023). Cactus estrella de mar: guía de plantas. Publicado de forma independiente.

Limiterd, GL (sin fecha). Cactus bola (Parodia magnifica) Flor, hoja, cuidados, usos - PictureThis. PictureThis. https://www.picturethisai.com/wiki/Parodia_magnifica.html

Mammillaria dixanthocentron. (S.f.). http://www.llifle.com/Encyclopedia/CACTI/Family/Cactaceae/19098/Mammillaria_dixanthocentron

McCarthy, K. (3 de julio de 2018). Dividir suculentas - propagar suculentas. The Succulent Eclectic. https://thesucculenteclectic.com/dividing-succulents-propagating/

McKie, C. (2022). La delicada belleza del cactus Lady Finger. Houseplant Central. https://houseplantcentral.com/lady-finger-cactus/

McKie, C. (20 de septiembre de 2022). El cactus Estrella de Mar: Una belleza única. Houseplant Central. https://houseplantcentral.com/starfish-cactus/

Cuidados de la bola de nieve mexicana (Riego, Fertilizar, Poda, Propagación). (S.f.). PictureThis. https://www.picturethisai.com/care/Echeveria_elegans.html

Conceptos básicos del cultivo y cuidado de las plantas Mexican Snowball: agua, luz, suelo, propagación, etc. (sin fecha). Myplantin.com. https://myplantin.com/plant/392

Miller, R. (19 de agosto de 2019). ¿De dónde vienen la mayoría de las suculentas? Succulent City; SucculentCity.com. https://succulentcity.com/where-do-most-succulents-come-from/

Miller, R. (2022, 1 de agosto). Cómo podar/recortar suculentas con éxito (una guía sencilla de un experto en suculentas). Succulent City; SucculentCity.com. https://succulentcity.com/how-to-trim-succulents/

Miller, R. (7 de agosto de 2022). 5 fertilizantes orgánicos para suculentas para alimentar naturalmente tu jardín. Succulent City; SucculentCity.com. https://succulentcity.com/organic-succulent-fertilizer/

Molinero, R. (2023). La ciudad suculenta de la anciana Cactus 'Mammillaria Hahniana'. https://succulentcity.com/old-lady-cactus/

Cuidados del cactus anciana (Riego, Fertilizar, Poda, Propagación). (S.f.). PictureThis. https://www.picturethisai.com/care/Mammillaria_hahniana.html

Conceptos básicos del cultivo y cuidado de plantas de cactus Old Lady: agua, luz, suelo, propagación, etc. (sin fecha). Myplantin.com. https://myplantin.com/plant/393

Cuidados del cactus anciano (Riego, Fertilizar, Poda, Propagación). (S.f.). PictureThis. https://www.picturethisai.com/care/Cephalocereus_senilis.html

Guía de cuidado de plantas y cultivo de cactus para ancianos: buena vida. (S.f.). Goodlifevibez.com. https://goodlifevibez.com/old-man-cactus-growing-and-plant-care-guide/

Cactus viejo. (2016, 5 de enero). Horticulture Unlimited. https://horticultureunlimited.com/plant-guide/old-man-cactus/

Opuntia microdasys bunny ears, angel's-wings PFAF plant database. (S.f.). Pfaf.org. https://pfaf.org/User/Plant.aspx?LatinName=Opuntia+microdasys

Oreocereus trollii old man of the mountain. (S.f.). Planet Desert. https://planetdesert.com/products/oreocereus-trollii-old-man-of-the-mountain-cactus-cacti-nice-real-live-plant

OREOCEREUS TROLLII. Cactus Viejo de la Montaña. (S.f.). Thepalmtreecompany. https://www.thepalmtreecompany.com/product-page/oreocereus-trollii-old-man-of-the-mountain-cactus-1

Paschall, T. P. (2022, 22 de marzo). 5 formas de renovar un jardín descuidado. Best Pick Reports. https://www.bestpickreports.com/blog/post/5-ways-to-makeover-an-overgrown-garden/

Pino, M. (2023, 13 de junio). Cómo plantar, cultivar y cuidar la flor reina de la noche. Planet Natural. https://www.planetnatural.com/queen-of-the-night-flower/

Lugar, V. (2012). Page Not Found. Lulu.com. https://www.hgtv.com/outdoors/flowers-and-plants/how-to-plant-a-cactus-container-garden

Identificación de la planta: Flores y follaje: Planta cebra - Programa de voluntarios de jardineros maestros de Florida - Universidad de Florida, Instituto de Ciencias Agrícolas y Alimentarias. (S.f.). https://gardeningsolutions.ifas.ufl.edu/mastergardener/outreach/plant_id/flowers_indoor/zebra_plant.html

PlantIn. (S.f.). Conceptos básicos de cultivo y cuidado de plantas de Notocactus Magnificus: agua, luz, suelo, propagación, etc. Planta en. https://myplantin.com/plant/6212

Rahman, A. (2021, 12 de abril). Signos de cactus sin agua (y cómo revivirlos). Jardín Para Interiores.

Rana, A. (2023, 10 de febrero). Cuidados de cactus 101: Todo lo que necesitas saber para tener un cactus. Planet Desert. https://planetdesert.com/blogs/news/how-to-care-for-a-cactus

risk of overwatering of cacti and succulents - Google Search. (S.f.). Google.com. https://www.google.com/search?q=risk+of+overwatering+of+cacti+and+succulents&oq=risk+of+overwatering+of+cacti+and+succulents&aqs=chrome..69i57.27427j0j7&sourceid=chrome&i.e.,=UTF-8

Riesgo de falta de agua de cactus y plantas suculentas - Búsqueda de Google. (S.f.). Google.com. https://www.google.com/search?q=risk+of+underwatering+of+cacti+and+succulent+plants&oq=risk+of+underwatering+of+cacti+and+succulent+plants&aqs=chrome..69i57j33i160l2.18649j0j7&sourceid=chrome&i.e.,=UTF-8

Cuidados del cactus columna San Pedro (Riego, Abonado, Poda, Propagación). (nd-a). PictureThis. https://www.picturethisai.com/care/Echinopsis_pachanoi.html

Cuidados del cactus columna San Pedro (Riego, Abonado, Poda, Propagación). (nd-b). PictureThis. https://www.picturethisai.com/care/Echinopsis_pachanoi.html

Sánchez, M. (2017, 9 de noviembre). ¿Cuáles son las partes del cactus y qué funciones tienen? Jardineria On. https://www.jardineriaon.com/en/partes-del-cactus-y-sus-funciones.html

Schiller, N. (3 de febrero de 2019). Propagar suculentas en 5 sencillos pasos. Gardener's Path. https://gardenerspath.com/how-to/propagation/succulents-five-easy-steps/

Schiller, N. (7 de julio de 2022). Cómo cultivar suculentas al aire libre en el jardín. Gardener's Path. https://gardenerspath.com/plants/succulents/grow-garden-succulents/

Sears, C. (17 de junio de 2020). Cómo cultivar y cuidar la planta soldado de chocolate. The Spruce. https://www.thespruce.com/chocolate-soldier-plant-profile-5024790

Sears, C. (2021a, 13 de abril). Cómo cultivar y cuidar bolas de nieve mexicanas. The Spruce. https://www.thespruce.com/mexican-snowballs-echeveria-elegans-profile-5120250

Sears, C. (2021b, 30 de junio). Cómo cultivar y cuidar el cactus oreja de conejo. The Spruce. https://www.thespruce.com/bunny-ear-cactus-guide-5190802

Secuianu, M. (2020a, 3 de noviembre). Guía Old Lady Cactus: Cómo cultivar y cuidar "Mammillaria Hahniana". Bestia del jardín. https://gardenbeast.com/old-lady-cactus-guide/

Secuianu, M. (2020b, 18 de noviembre). Guía Brasiliopuntia Brasiliensis: Cómo cultivar y cuidar la "tuna brasileña". Bestia del jardín. https://gardenbeast.com/brasiliopuntia-brasiliensis-guide/

Sher, S. (30 de septiembre de 2021). 25 tipos de suculentas que son excelentes plantas de interior. Bob Vila; BobVila.com. https://www.bobvila.com/articles/types-of-succulents/

Spengler, T. (24 de febrero de 2018). Manejo de arbustos grandes: aprenda a podar un arbusto demasiado grande. Gardening Know How. https://www.gardeningknowhow.com/ornamental/shrubs/shgen/trimming-overgrown-shrub.htm

Personal, G. (6 de mayo de 2019). Austrocephalocereus dybowskii – Cactus y suculentas Giromagi. Cactus y Suculentas Giromagi. https://www.giromagicactusandsucculents.com/austrocephalocereus-dybowskii-giromagi-cactus-succulents/

StaffSimone. (2022, 30 de mayo). Acanthocalycium thionanthum - Cactus y suculentas Giromagi. Cactus y Suculentas Giromagi. https://www.giromagicactusandsucculents.com/acanthocalycium-thionanthum/

Stamp, E. y McLaughlin, K. (12 de septiembre de 2018). Cómo cuidar las suculentas (y no matarlas): 9 consejos para el cuidado de las plantas. Architectural Digest. https://www.architecturaldigest.com/story/how-to-care-for-succulents

Stephens, T. (29 de mayo de 2019). Una guía para regar cactus. Cactus Culture: la tienda de cactus en línea premium de Australia. https://cactusculture.com.au/learning-centre/cactus-watering-guide

Stephens, T. (29 de agosto de 2022). ¿Un cactus necesita agua? Cactus Culture: la tienda de cactus en línea premium de Australia. https://cactusculture.com.au/learning-centre/does-a-cactus-need-water

Cuidados del cactus fresa (riego, fertilización, poda, propagación). (nd-a). PictureThis. https://www.picturethisai.com/care/Mammillaria_dioica.html

Cuidados del cactus fresa (riego, fertilización, poda, propagación). (nd-b). PictureThis. https://www.picturethisai.com/care/Mammillaria_dioica.html

Succulents Australia. (S.f.). Cactus dedal - Mammillaria gracilis fragilis. https://www.succulents-australia-sales.com/products/thimble-cactus?variant=31372756222083

Taylor, LH (30 de junio de 2016). 21 mejores plantas de cactus para cultivar en tu jardín. The Spruce. https://www.thespruce.com/best-cactus-to-plant-in-garden-4059807

Temperatura y humedad. (2021, 14 de diciembre). Plnts.com. https://plnts.com/en/care/doctor/temperature-and-humidity

La guía completa para podar suculentas. (S.f.). Lula's Garden. https://www.lulasgarden.com/blogs/all-blogs/the-complete-guide-to-trimming-succulents

El jardín y vivero de Ruth Bancroft. (2023, 3 de marzo). Echinopsis formosa - Jardín y vivero Ruth Bancroft. https://www.ruthbancroftgarden.org/plants/echinopsis-formosa/

Tuttle, C. (6 de mayo de 2021). Cómo cuidar las suculentas en interiores. Suculentas y sol. https://www.succulentsandsunshine.com/guide-growing-succulents-indoor-house-plants/

Guía definitiva: Cómo combatir las enfermedades y plagas de los cactus. (2021, 7 de noviembre). CactusWay. https://cactusway.com/ultimate-guide-how-to-fight-cactus-diseases-and-pests/

Vanderlinden, C. (18 de enero de 2011). Cómo prevenir las plántulas de hortalizas de ramas largas. The Spruce. https://www.thespruce.com/preventing-your-seedlings-from-getting-leggy-2539979

Vanderzeil, G. (15 de mayo de 2018). ¡¿Qué le pasa a mi suculenta?! Collective Gen. https://collectivegen.com/2018/05/whats-wrong-succulent/

VanZile, J. (23 de octubre de 2008). Cómo cultivar y cuidar Kalanchoe. The Spruce. https://www.thespruce.com/growing-kalanchoe-plants-1902982

VanZile, J. (2008, 11 de septiembre). Cómo cultivar y cuidar cactus de interior. The Spruce. https://www.thespruce.com/how-to-grow-cactus-1902954

VanZile, J. (2008, 11 de septiembre). Cómo cultivar y cuidar cactus de interior. The Spruce. https://www.thespruce.com/how-to-grow-cactus-1902954

VanZile, J. (2009a, 19 de mayo). Ponytail Palm Plant Profile. The Spruce. https://www.thespruce.com/grow-beaucarnea-recurvata-1902886

VanZile, J. (2009b, 17 de noviembre). Cómo cuidar las plantas de Jade: Guía de cultivo en interior. The Spruce. https://www.thespruce.com/grow-jade-plants-indoors-1902981

VanZile, J. (2022a). Cómo cultivar y cuidar el cactus cola de rata. The Spruce. https://www.thespruce.com/aporocactus-flagelliformis-definition-1902538

VanZile, J. (2022b). Cómo cultivar y cuidar el cactus bola. The Spruce. https://www.thespruce.com/grow-parodia-cacti-indoors-1902591

Waddington, E. (17 de mayo de 2023). 7 problemas y soluciones comunes de los cactus. Horticulture Magazine. https://horticulture.co.uk/cacti-problems/

west-coast-gardens. (2023, 18 de enero). 5 consejos de cuidado para mantener feliz a tu cactus. West Coast Gardens. https://www.westcoastgardens.ca/blogs/tips-inspiration/5-care-tips-to-keep-your-cactus-happy

Wet, & Forget. (2019, 12 de febrero). Soluciones para las plagas y enfermedades más comunes de las suculentas. Life's Dirty. Clean Easy. https://askwetandforget.com/fixes-common-succulent-pests-diseases/

Weymouth, M. (28 de enero de 2019). Cómo utilizar la hormona de enraizamiento al propagar plantas. Martha Stewart. https://www.marthastewart.com/1535873/how-to-use-rooting-hormone

¿Qué es el manejo integrado de plagas (MIP)? (S.f.). Ucanr.edu. https://ipm.ucanr.edu/what-is-ipm/

¿Qué es la poda? Importancia, beneficios y métodos de poda. (S.f.). Davey.com. https://blog.davey.com/what-is-pruning-the-importance-benefits-and-methods-of-pruning/

¿Cuál es el mejor fertilizante para tu cactus? (2021, 23 de febrero). CactusWay. https://cactusway.com/what-is-the-best-fertilizer-for-your-cactus/

White, J. (23 de junio de 2022). 57 tipos de suculentas con nombres e imágenes. Todo sobre jardinería. https://www.allaboutgardening.com/types-of-succulents/

¿Por qué es tan importante la asociación de cultivos? (2023, 19 de junio). Triangle Gardener Magazine; Triangle Gardener LLC. https://www.trianglegardener.com/why-is-companion-planting-so-important/

Wiley, D. (9 de junio de 2015). Cómo cultivar plantas de cactus en climas fríos de invierno. Mejores casas y jardines. https://www.bhg.com/gardening/flowers/perennials/growing-cactus-plants-in-cold-climates/

Wolfe, D. (3 de junio de 2020). Las mejores macetas para suculentas del 2023. Bob Vila; BobVila.com. https://www.bobvila.com/articles/best-pots-for-succulents/

WoS. (2022). Epiphyllum hookeri (Cactus orquídea de Hooker). World of Succulents. https://worldofsucculents.com/epiphyllum-hookeri/

Yang, K. (4 de noviembre de 2021). 5 datos sorprendentes sobre la sostenibilidad de los cactus. Pricklee Cactus Water. https://pricklee.com/blogs/learn/cactus-sustainability

Young, C. (8 de mayo de 2023). Los mejores consejos para cultivar un cactus San Pedro. The Planted Pot. https://theplantedpot.co.nz/blogs/plant-care/san-pedro-cactus